"十四五"职业教育国家规划教材

Photoshop CC 图像设计与制作

主　编　张紫瑾　马世超　黄书林
副主编　范　霖　闫俊茹　苗占玲　李　梦
参　编　王　健　刘桂华　崔敬爱

北京理工大学出版社
BEIJING INSTITUTE OF TECHNOLOGY PRESS

内容提要

本书全面介绍如何使用 Photoshop CC 进行平面设计。从技能培训的实际出发通过多个精彩实用的商业案例，使读者能够在掌握软件功能和技巧的基础上启发设计灵感，开阔设计思路，提高设计能力。

本书共6章，详细介绍DM单、企业Logo和立体字、招贴及户外广告、画册和菜谱、包装和展板、UI设计与制作。每个案例都有制作流程和详解，每章都配有不同层次的课后习题，学完案例以后可以继续参考习题进行深入练习，提高平面设计能力。

本书配套的学习资源有案例源文件、素材文件、PPT课件、视频教学录像、拓展练习案例，可以通过在线方式获取资源。

本书非常适合作为院校和培训机构图像处理的相关教材和参考书，也可作为自学人员的学习用书。

版权专有　侵权必究

图书在版编目(CIP)数据

Photoshop CC图像设计与制作 / 张紫瑾，马世超，黄书林主编. -- 北京：北京理工大学出版社，2018.9（2024.1重印）

ISBN 978 – 7 – 5682 – 5528 – 8

Ⅰ.①P… Ⅱ.①张… ②马… ③黄… Ⅲ.①图象处理软件 Ⅳ.① TP391.413

中国版本图书馆 CIP 数据核字（2018）第 079229 号

责任编辑：张荣君　　**文案编辑**：张荣君
责任校对：周瑞红　　**责任印制**：边心超

出版发行 /	北京理工大学出版社有限责任公司
社　　址 /	北京市丰台区四合庄路6号
邮　　编 /	100070
电　　话 /	（010）68914026（教材售后服务热线）
	（010）68944437（课件资源服务热线）
网　　址 /	http://www.bitpress.com.cn
版 印 次 /	2024年1月第1版第6次印刷
印　　刷 /	定州市新华印刷有限公司
开　　本 /	787 mm × 1092 mm　1/16
印　　张 /	10.5
字　　数 /	246千字
定　　价 /	38.00元

图书出现印装质量问题，请拨打售后服务热线，负责调换

前言

关于 Photoshop CC 及本书

Adobe 公司推出了最新版本的 Photoshop CC。除了 Photoshop CS6 中所包含的功能外，Photoshop CC 还添加了大量的新功能，包括相机防抖动、Camera Raw 功能改进、智能锐化、圆角矩形、多重形状、图像提升采样、属性面板改进、Behance 集成及 Creative Cloud（云功能）等。本书从技能培训的实际出发，全部实例都是优选而来，采用最新版本 Photoshop CC 制作，适用于各个阶段的版本，所以读者不需要考虑软件版本的问题。

本书的特色

（1）结合学生实际情况，围绕专业特色和行业需求，课堂案例不断完善和优化，以学习宣传贯彻党的二十大精神为动力，聚焦校园文明建设，营造社会关爱保护未成年人健康成长，护航网络，培养爱国情怀等各个方面，推动二十大精神入脑入心。

（2）全面的知识：覆盖 Photoshop CC 所有常用的平面设计类型。

（3）实用的案例：20 多个常见的平面设计课堂案例 +20 多个平面设计延伸课后练习 +20 多个设计练习参考图片。

（4）超完备的基础功能及案例详解。在全面掌握软件使用方法和技巧的同时，掌握专业设计知识与创意手法，让初学者快速入门、入行，进而制作出好作品。

本书的结构

本书内容分为以下两部分。

第一部分包括第 1 章和第 2 章，主要是通过既实用又简单的案例，带领读者快速掌握 Photoshop CC 的各种基础工具的使用。

第二部分包括第 3 章 ~ 第 6 章，是本书的重点。这个部分全面介绍实际工作中常见的招贴及户外广告设计与制作、画册菜谱设计与制作、包装和展板设计与制作、UI 设计与制作等方面的内容。

利用多媒体手段，将短视频、讲故事等喜闻乐见的方式融入教材中，通过"案例描述 – 操作思路 – 相关知识 – 核心步骤 – 知识拓展 – 课后习题"的等形式，理论与实践相结合，增强读者吸引力和实效性。

为了方便读者快速阅读进而掌握本书内容，使读者轻松自学，本书设计了"步骤跟做练习""基础案例习题""提高案例习题""设计案例习题"等递进式的特色练习方式，力求在结构上清晰明了，使读者快速跨入高手行列。

CONTENTS

第 1 章

DM 单设计与制作 ································ 1

1.1 名片设计 ································ 2
1.1.1 操作思路 ································ 2
1.1.2 操作步骤 ································ 2
1.1.3 知识拓展 ································ 5
课后习题 ································ 5

1.2 请柬设计 ································ 7
1.2.1 操作思路 ································ 7
1.2.2 操作步骤 ································ 7
1.2.3 知识拓展 ································ 10
课后习题 ································ 11

1.3 单页广告设计 ································ 12
1.3.1 操作思路 ································ 13
1.3.2 操作步骤 ································ 13
1.3.3 知识拓展 ································ 17
课后习题 ································ 17

1.4 折页广告设计 ································ 19
1.4.1 操作思路 ································ 19
1.4.2 操作步骤 ································ 19
1.4.3 知识拓展 ································ 23
课后习题 ································ 24

1.5 报纸广告设计 ································ 26
1.5.1 操作思路 ································ 26
1.5.2 操作步骤 ································ 26
1.5.3 知识拓展 ································ 32
课后习题 ································ 32

第2章

企业 Logo 和立体字设计与制作 ... 35

2.1 Logo 设计 ... 35
- 2.1.1 操作思路 ... 36
- 2.1.2 操作步骤 ... 36
- 2.1.3 知识拓展 ... 41
- 课后习题 ... 41

2.2 POP 字体设计 ... 42
- 2.2.1 操作思路 ... 43
- 2.2.2 操作步骤 ... 43
- 2.2.3 知识拓展 ... 45
- 课后习题 ... 45

2.3 立体字设计 ... 46
- 2.3.1 操作思路 ... 46
- 2.3.2 操作步骤 ... 46
- 2.3.3 知识拓展 ... 50
- 课后习题 ... 51

第 3 章

招贴及户外广告设计与制作 ... 53

3.1 汽车广告设计 ... 54
- 3.1.1 操作思路 ... 54
- 3.1.2 操作步骤 ... 54
- 3.1.3 知识拓展 ... 64
- 课后习题 ... 64

3.2 电影广告设计 ... 66
- 3.2.1 操作思路 ... 66
- 3.2.2 操作步骤 ... 66
- 3.2.3 知识拓展 ... 72
- 课后习题 ... 72

3.3 公益广告设计 ... 74
- 3.3.1 操作思路 ... 74
- 3.3.2 操作步骤 ... 74
- 3.3.3 知识拓展 ... 77
- 课后习题 ... 78

3.4 旅游宣传广告设计 ... 79

	3.4.1 操作思路	80
	3.4.2 操作步骤	80
	3.4.3 知识拓展	84
	课后习题	85

3.5 超市广告设计 87
  3.5.1 操作思路 87
  3.5.2 操作步骤 87
  3.5.3 知识拓展 91
  课后习题 91

第 4 章

画册和菜谱设计与制作 93

4.1 企业宣传画册设计 94
  4.1.1 操作思路 95
  4.1.2 操作步骤 95
  4.1.3 知识拓展 96
  课后习题 97

4.2 菜谱设计 99
  4.2.1 操作思路 100
  4.2.2 操作步骤 100
  4.2.3 知识拓展 107
  课后习题 108

4.3 书籍设计 110
  4.3.1 操作思路 111
  4.3.2 操作步骤 111
  4.3.3 知识拓展 118
  课后习题 119

第 5 章

包装和展板设计与制作 123

5.1 包装设计 124
  5.1.1 操作思路 125
  5.1.2 操作步骤 125
  5.1.3 知识拓展 132
  课后习题 132

5.2 展板设计 134
  5.2.1 操作思路 135

5.2.2　操作步骤 ……………………………………………………… 135
　　5.2.3　知识拓展 ……………………………………………………… 137
　课后习题 ……………………………………………………………… 137

第 6 章

UI 设计与制作 ……………………………………………… 139

6.1　扁平化图标设计 ………………………………………… 140
　　6.1.1　操作思路 ……………………………………………………… 140
　　6.1.2　操作步骤 ……………………………………………………… 140
　　6.1.3　知识拓展 ……………………………………………………… 142
　课后习题 ……………………………………………………………… 143

6.2　手机界面设计 …………………………………………… 145
　　6.2.1　操作思路 ……………………………………………………… 145
　　6.2.2　操作步骤 ……………………………………………………… 145
　　6.2.3　知识拓展 ……………………………………………………… 150
　课后习题 ……………………………………………………………… 150

6.3　软件应用界面设计 ……………………………………… 152
　　6.3.1　操作思路 ……………………………………………………… 152
　　6.3.2　操作步骤 ……………………………………………………… 153
　　6.3.3　知识拓展 ……………………………………………………… 156
　课后习题 ……………………………………………………………… 157

第 1 章

DM 单设计与制作

- ■ 名片设计
- ■ 请柬设计
- ■ 单页广告设计
- ■ 折页广告设计
- ■ 报纸广告设计

> **课堂学习目标**
>
> **知识目标：**
> 1. Photoshop CC 的操作界面
> 2. 图像处理的基本概念及常用图像文件格式
> 3. 文档的基本操作
> 4. 选区工具的使用
> 5. 绘图工具的使用
>
> **技能目标：**
> 1. 名片的制作方法
> 2. 请柬的制作方法
> 3. 单页的制作方法
> 4. 两折页的制作方法
> 5. 报纸广告
>
> **素质目标：**
> 熟练运用软件技巧辅助设计表现

DM（Direct Mail advertising）的特点是直接将广告信息传送给真正的受众，强调的是直接投递或邮寄。美国直邮及直销协会对 DM 的定义是对广告主所选定的对象（如印刷品）用邮寄的方法传达信息的一种手段。DM 广告主要包括名片、折页、请柬、海报、信件、挂历、报纸等。在设计时，需要考虑的问题：一是出血量，一般出血量各设置在 3mm 左右（根据实际情况而定）；二是要突出主题。

1.1 名片设计

名片的主体是名片上所提供的信息，名片信息主要由文字、图片、单位标志所构成。它是标志姓名及所属组织、公司单位和联系方法的纸片。

名片设计效果如图 1-1-1 所示，涉及的素材如图 1-1-2 所示，案例素材可在资源包中提取。

图 1-1-1

图 1-1-2

1.1.1 操作思路

关于"名片"的设计，可以从以下几个方面着手进行分析。

（1）主题元素：根据不同的客户群设定，主要分为商业名片、公用名片、个人名片等。本节案例主要介绍个人名片。

（2）主色调：在案例中主色调选择以红色为主，白色圆环和半透明的圆环为辅，使名片整体简洁而有活力，给人带来朝气蓬勃的感觉。

1.1.2 操作步骤

1. 相关知识

名片设计需要掌握以下 5 个要点。

（1）名片的实际大小一般分为 90mm×50mm 或 90mm×55mm。

（2）有横向和纵向两种排版方式。

（3）制作成品时，要考虑四边的出血量，一般为 3mm 左右（成品尺寸小，设计尺寸大）。

（4）超出部分需裁掉，勿让白色色块遮掩。

（5）界面不要过于花哨和复杂，要达到"简而不凡"的效果。

2. 核心步骤

（1）利用"椭圆选框工具"绘制两个大小不等的圆形使之形成圆环并设置不透明度。

（2）利用"移动工具"将图片、文字

等内容拖拽到背景中的合适位置。

【步骤1】启动 Photoshop CC，执行"文件"→"新建"命令或按 Ctrl+N 新建一个名称为"名片"的文档，设置"宽度"为94mm、"高度"为54mm，出血线为2mm，即 94mm×54mm，"分辨率"为300像素/英寸，"颜色模式"为"CMYK 颜色"，如图 1-1-3 所示。设置完毕后，单击"确定"按钮得到新建的图像文件。

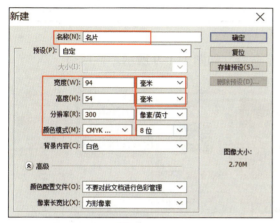

图 1-1-3

【步骤2】执行"编辑"→"填充"命令或按快捷键 Shift+F5，使用"颜色"（C：14，M：90，Y：98，K：0）填充背景色，如图 1-1-4 所示。

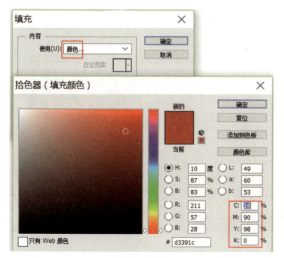

图 1-1-4

【步骤3】新建图层，执行"图层"→"新建"→"图层"或按快捷键 Shift+Ctrl+N

扫一扫
看操作

命令。选择"椭圆选框工具"，按住 Shift 键绘制一个正圆形，执行"编辑"→"填充"命令，填充白色（C：0，M：0，Y：0，K：0），同理绘制一个稍小一些的正圆形，填充颜色（C：14，M：90，Y：98，K：0），将两个圆形的圆心对齐，形成一个白色圆环，如图 1-1-5 所示。

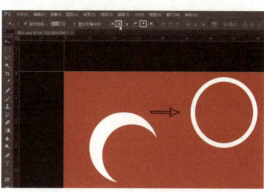

图 1-1-5

【步骤4】按住 Ctrl 键单击红色圆形所在的"图层缩览图"使其变为选区，然后将鼠标指针移动到白色圆形所在图层按 Delete 键将其删除，同时删除红色圆形图层，使图案变为白色圆环形。

【步骤5】按住 Alt 键使用"移动工具"进行移动即可复制当前图形，复制两个并分别将其放置到图 1-1-6 所示的位置。

图 1-1-6

【步骤6】使用同样的方法绘制左侧略细的白色圆环，在图层面板设置不透明度为 12%，并分别将其放置到图 1-1-7 所示的位置。

【步骤7】选择"文件"→"打开"命令，找到文件所在的路径，按住 Shift 键选择要打开的图片:"二维码""图标""文字内容",如图1-1-8所示。

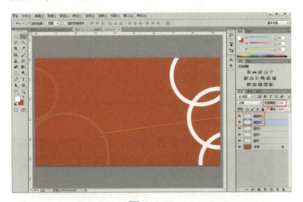

图1-1-7

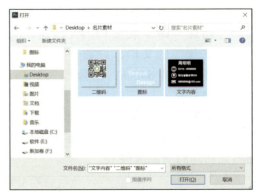

图1-1-8

【步骤8】执行"窗口"→"排列"→"平铺"命令,如图1-1-9所示。

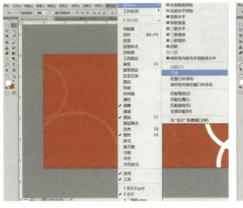

图1-1-9

【步骤9】利用"移动工具"将窗口中的素材图片,拖拽至"名片"的文件中,如图1-1-10所示。

图1-1-10

【步骤10】在"自动选择"为选中的状态下,将素材摆放至合适的位置,完成最终效果如图1-1-11所示。

第 1 章　DM 单设计与制作

图 1-1-11

1.1.3　知识拓展

名片常见的种类有以下 5 种。

（1）局部 Logo 烫金/印金名片：局部 Logo 烫金、烫银在名片中应用是非常广泛的，能起到画龙点睛的作用，适用于服装、化妆品和珠宝等行业。

（2）半透明磨砂名片：特点是韧性较好，防水耐磨，时尚个性，适用于会员卡的制作。

【步骤 11】执行"文件"→"存储为"命令，在弹出的对话框中，找到想要保存的文件位置，设置好"文件名"及"保存类型"，最后单击"保存"按钮，如图 1-1-12 所示。

（3）名片压纹：凹凸压纹工艺使名片显得更为精致、高档，尤其针对简单的图形和文字轮廓。

（4）折叠名片：折叠名片让品牌 Logo 独立展示，适用于集团化公司多信息的需要。

图 1-1-12

（5）圆角名片及打孔个性化名片：圆角名片具有特别的亲和力，方便夹入名片册中；打孔个性化名片设计能体现名片的层次感，使名片增添一种特殊的艺术感。

课后习题

1. 基础案例习题

设计总监名片案例效果如图 1-1-13 所示，案例素材可在资源包中提取。

图 1-1-13

操作步骤如下。

（1）新建画布为 94mm×54mm，"分辨率"为 300 像素/英寸，"颜色模式"为"CMYK 颜色"。

（2）选择"矩形选框工具"绘制矩形图形，并对其填充颜色（C：70，M：65，Y：65，K：20）。

（3）执行"文件"→"打开"命令，找到文件所在的路径，按住Shift键选择要打开的图片。

（4）执行"窗口"→"排列"→"平铺"命令，可以看到所有打开的图片，方便移动。

（5）将打开的素材图片移动到"名片"画布中，并将其摆放到合适的位置。

（6）在姓名和电话中间位置，选择"矩形选框工具"绘制一个矩形选框，并填充步骤（2）的颜色。

（7）执行"文件"→"存储为"命令，找到需要保存的文件位置，设置好"文件名"及"保存类型"，最后点击"保存"按钮。

2. 提高案例习题

名片设计效果如图1-1-14所示。

ⓐ

ⓑ

图1-1-14

核心步骤如下：

（1）利用"矩形选框工具""椭圆选框工具""多边形套索工具"绘制相机，并填充颜色（C：70，M：75，Y：70，K：35）。

（2）利用"椭圆工具"绘制相机中上部分，设置半径为10像素。

（3）利用"矩形选框工具"绘制名片最大的矩形选框和上下两条边框，并填充颜色（C：70，M：75，Y：70，K：35）、（C：0，M：5，Y：10，K：0）。

（4）利用"自定义形状工具"绘制名片背面的小图标，设置形状为"邮箱""全球互联网""电话2"，颜色同（1）中颜色。

（5）利用"直线工具"绘制名片中的线。

（6）利用"文字工具"输入文字，设置字体、颜色、字号、字距。

3. 设计案例习题

设计名片，参考效果如图1-1-15所示，案例素材可在资源包中提取。

ⓐ

ⓑ

图1-1-15

1.2 请柬设计

请柬称为请帖、简帖,是主人邀请客人参加某项活动而印发的一种正式的书函。请柬分为单面、双面(折叠式),一般有结婚请柬、个性请柬、邀请函、单位请柬等。

请柬设计效果如图1-2-1所示,涉及的素材如图1-2-2所示,案例素材可在资源包中提取。

图1-2-1

图1-2-2

1.2.1 操作思路

关于"请柬"的设计,可以从以下几个方面着手进行分析。

(1)主题元素:请柬既是中国传统文化的礼仪文书,也是国际通用的礼仪联络方式,广泛应用于社会中,根据不同的要求设定不同的请柬,传统的请柬一般分为3种形式:正方形、长方形、长条形等。

(2)主色调:在本案例中,采用紫色和白色为主色调,穿插梦幻的红色、紫色、粉色等温馨的暖色,给人纯洁、清新、温暖的感觉。

1.2.2 操作步骤

1. 相关知识

请柬设计需要掌握以下5个要点。

(1)请柬一般分为以下3种形式。

正方形(尺寸范围在130mm×130mm至150mm×150mm之间)。

长方形(尺寸范围在170mm×115mm至190mm×118mm之间,且大小随比例改变)。

长条形(尺寸范围在210mm×110mm至250mm×110mm之间,且大小随比例改变,打开方式为横向或单边)。

(2)有两种样式:单面的和双面的(即折叠式)。

(3)制作成品时,要考虑四边的出血量,一般为3mm左右(成品尺寸小,设计尺寸大)。

(4)超出部分需裁掉,勿让白色色块遮掩。

(5)界面要简洁、时尚。

2. 核心步骤

(1)为请柬设置出血线。

(2)利用"矩形选框工具"的选区运算绘制背景三角形,并对其填充颜色。

(3)利用"自由变换"命令调整三角形,使大小不同有层次,并对其填充颜色。

(4)利用"移动工具"将图片素材移动到背景中,调整大小并放置合适位置。

【步骤1】启动Photoshop CC,执行"文件"→"新建"命令或按Ctrl+N组合键,新建一个名称为"请柬"文档,设置"宽度"为230mm、"高度"为170mm,出血线为2mm,即234mm×174mm"分辨率"为300像素/英寸,"颜色模式"为"RGB颜色",如图1-2-3所示。设置完成后,单击"确定"按钮得到新建的图像文件。

扫一扫
看操作

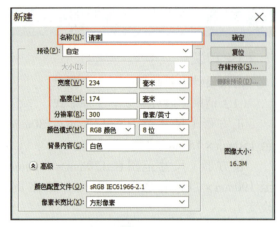

图1-2-3

【步骤2】执行图层,选择"图层"→"新建"→"图层"命令(按Shift+Ctrl+N组合键),如图1-2-4所示。选择"矩形选框工具"绘制长条矩形,执行"编辑"→"填充"命令,填充颜色(C:0,M:18,Y:20,K:0),如图1-2-5所示,单击"确定"按钮。选择"多边形套索工具"绘制一半选区后删除,效果如图1-2-6所示。

图1-2-4

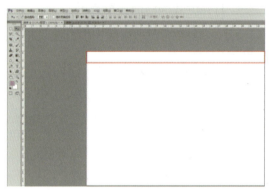

图1-2-5

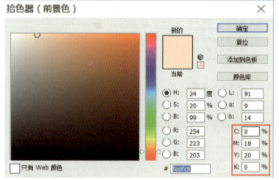

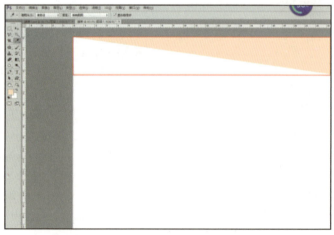

图1-2-6

【步骤3】将绘制好的"图层1"拖动到"图层"面板的"创建新图层"按钮上,完成图层复制。执行"编辑"→"自由变换"命令或按Ctrl+T组合键,按住Ctrl键拖动三角形的右下角点进行缩小,单击Enter键确定。按住Ctrl键单击新复制的图层位置略览图,填充颜色(C:1,M:35,Y:18,K:0),同样再复制缩小一次,填充颜色(C:33,M:49,Y:14,K:0)。将三层颜色块进行复制,设置水平翻转、垂直翻转,如图1-2-7所示。

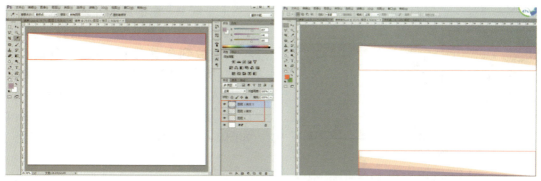

图1-2-7

【步骤4】执行"文件"→"打开"命令,找到文件所在的路径,按住 Shift 键选择要打开的图片,如"花边""花朵""心",并将素材拖动到请柬文件中,如图 1-2-8 所示。

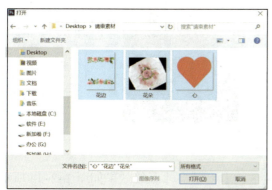 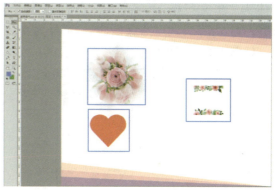

图1-2-8

【步骤5】利用"矩形选框工具"选择素材"花边"上部分花,执行"编辑"→"自由变换"命令或按 Ctrl+T 组合键,旋转到合适角度并分别将上下两部分放到黄色线条位置,再将花朵放置到页面左上角位置,如图 1-2-9 所示。

图1-2-9

【步骤6】新建图层,在文件右上角选择"矩形选框工具"绘制一个矩形,执行"编辑"→"描边"命令,设置外边框"宽度"为10像素,并填充颜色(C:44,M:98,Y:1,K:0),设置内边框"宽度"为4像素,颜色同上,如图 1-2-10 所示。

图1-2-10

扫一扫
看操作

【步骤7】在请柬右侧的矩形框中选择"文字工具"输入文字，调整到合适的位置，设置"诚挚邀请"字体为"华文行楷"，字号为16点，设置"参加婚礼…"字体为"华文行楷"，字号为12点，设置"期盼着…"字体为"华文楷体"、字号为9点，如图1-2-11所示。

图1-2-11

【步骤8】在请柬的左侧选择"文字工具"输入文字，添加"调整到合适位置"设置"我们结婚啦"字体为"方正悬针篆变简体"、字号为30点"结婚"字号为42点，设置"因为爱情…"字体为"方正悬针篆变简体"、字号为16点，设置"米奇…"字体为"方正少儿简体"、字号为20点，并调整至合适的位置，如图1-2-12所示。

图1-2-12

【步骤9】在请柬的左侧"米奇儿"和"米妮儿"中间插入导入的素材"心"，并将其缩放到合适大小，按住Ctrl键，单击"心"所在图层的缩览图，使"心"作为选区载入，执行"编辑"→"填充"命令，调整颜色（C：0，M：48，Y：26，K：0），如图1-2-13所示。

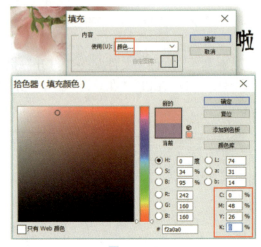

图1-2-13

【步骤10】最终效果如图1-2-14所示。

图1-2-14

1.2.3 知识拓展

常见的请柬设计形式有以下两种。

（1）单面的，由标题、称谓、正文、敬语和落款组成。

（2）双面的（即折叠式），一个为封面、一个为封里，由称谓、正文、敬语和落款组成。

课后习题

1. 基础案例习题

邀请函设计效果如图1-2-15所示,案例素材可在资源包中提取。

图1-2-15

操作步骤如下。

(1)新建文件大小为234mm×174mm,"分辨率"为300像素/英寸,"颜色模式"为"CMYK颜色"。

(2)利用"移动工具"将素材图片拖拽到背景中放置于合适位置。

(3)新建图层,利用"矩形选框工具"绘制一个矩形并填充白色。

(4)新建图层,利用"矩形选框工具"绘制一个与步骤(2)矩形同样大小的矩形,并执行"编辑"→"描边"命令,设置"宽度"为16像素、颜色(C:53, M:49, Y:77, K:1),左右两边相同。

(5)利用"移动工具"将素材"文字""花边"拖拽到文件中并调整到合适位置。

(6)在左侧页面上绘制虚线条,并填充颜色同步骤(4)。

(7)保存文件。

2. 提高案例习题

婚礼请柬设计效果如图1-2-16所示,案例素材可在资源包中提取。

图1-2-16

核心步骤如下。

（1）利用"椭圆选框工具"绘制椭圆，执行"编辑"→"描边"命令，按Ctrl+J组合键复制一个图层并修改颜色，向右下方移动使其出现立体的效果；内圈椭圆同理。

（2）利用"移动工具"将素材拖拽到请柬中，放置合适位置，在"图层"面板上设置"不透明度"效果。

（3）利用"文字工具"输入文字和英文字母，设置"字体"为Gabriola，通过描边制作立体效果文字。

3. 设计案例习题

设计"摄影大赛"，参考效果如图1-2-17所示。

图1-2-17

1.3 单页广告设计

单页广告是一种简易的印刷宣传品，其规格通常是8K或16K标准页。将单页广告作为媒介向社会群体进行宣传，其针对性较强，目的明确，最大限度地促进销售、提高业绩是商家的最终目的。但单页广告适用于快速和短期性的广告宣传，保存期不长。

单页广告效果如图1-3-1所示。

图1-3-1

1.3.1 操作思路

关于"校园安全单页广告"的设计，可以从以下几个方面着手进行分析。

（1）主题元素：根据单页广告的针对性较强的特点，讲主要宣传作为亮点进行设计，设计内容自由，形式不拘，设计时不一定要采用多种色彩，有时单色反而能得到更好的效果。

（2）主色调：在案例中主色调以蓝色为主，体现单页广告的大气高贵。简约的设计风格加上颜色的强烈对比能更好地突出主题。

1.3.2 操作步骤

1. 相关知识

单页广告设计需要掌握以下5个要点。

（1）单页广告的实际大小一般分为16K标准页210mm×289mm或8K标准页424mm×289mm（四边各含2mm出血位）。

（2）有横向和纵向两种排版方式。

（3）制作成品时，要考虑四边的出血量，一般为2~3mm（成品尺寸小，设计尺寸大）。

（4）超出部分需裁掉，勿让白色色块遮掩。

（5）界面不要过于花哨和复杂，要达到"简而不凡"的效果。

2. 核心步骤

（1）利用"钢笔工具""圆角矩形工具"绘制用电安全插销。

（2）利用"文字工具"为文字段落排版。

（3）利用"钢笔工具"画笔描边绘制图中虚线线条。

【步骤1】启动Photoshop CC，执行"文件"→"新建"命令，新建一个名称为"校园安全广告"的文档，设置"宽度"为39cm、"高度"为54cm、"分辨率"为150像素/英寸，"颜色模式"为"CMYK颜色"，如图1-3-2所示。设置完成后单击"确定"按钮得到新建的图像文件。

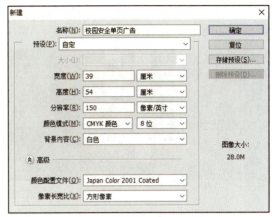

图1-3-2

【步骤2】在"图层"面板中按F7键，或者单击图层控制面板的"创建新图层"按钮添加"图层1"图层，设置前景色颜色（C：60，M：10，Y：5，K：0），选择"矩形工具"绘制矩形。如图1-3-3所示。

图1-3-3

【步骤3】选择"套索工具"绘制不规则图形，选择"渐变工具"设置渐变颜色"透明彩虹渐变"，渐变类型为"线性渐变"，单击鼠标在不规则选区中拖拽。单击图层控制面板，添加图层蒙版命令，选择"画笔工具"，设置前景色为黑色，背景色为白色，在蒙版图层进行涂抹。复制"图层2"得到"图层3"，在蒙版图层进行微调整。如图1-3-4所示。

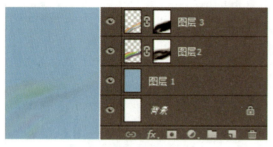

图1-3-4

【步骤4】打开"文字素材"，拖拽至文件中，调整至合适位置。新建"图层5"，选择"多边形套索"绘制闪电图形，填充白色（C：0，M：0，Y：0，K：0）。如图1-3-5所示。

图1-3-5

【步骤5】新建图层6，选择"矩形工具""圆角矩形工具"绘制插销盒，填充蓝色（C：85，M：55，Y：40，K：0），利用"多边形套索工具"删除多余部分。如图1-3-6所示。

【步骤6】新建图层7，选择"钢笔工具"绘制插销线，填充黑色（C：0，M：0，Y：0，K：100），选择"圆角矩形工具"绘制插销头，并填充深灰色（C：75，M：65，Y：65，K：20）与浅灰色（C：45，M35，Y：35，K：0）。如图1-3-7所示。

图1-3-6

图1-3-7

【步骤7】新建图层8，选择"圆角矩形工具"绘制插销头，在工具属性栏中设置半径为30像素，填充黄色（C：5，M：30，Y：90，K：0）。复制图层8，"Ctrl+T"自由变化调整大小至合适位置，调整色相饱和度。如图1-3-8所示。

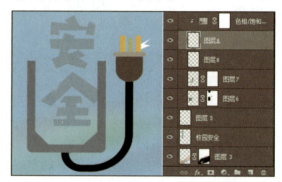

图1-3-8

【步骤8】新建图层9，按照步骤5的操作方法绘制校园文字上方的边框。如图1-3-9所示。

【步骤9】复制"校园安全"图层副本，填充白色，选择"多边形套索工具"绘制字体边角的装饰线快，填充白色。如图1-3-10所示。

图1-3-9

图1-3-10

【步骤10】新建图层10，设置前景色为灰色（C：60，M：55，Y：50，K：0），选择"圆角工具"绘制校字上的插头外轮廓，利用"椭圆工具""多边形套索工具"绘制插头内部插孔，填充深灰色（C：75，M：70，Y：65，K：30）。如图1-3-11所示。

【步骤11】选择"竖排文字工具"输入用电安全，设置颜色、字号至合适的位置。复制文字图层，更改颜色，叠放在一起。如图1-3-12所示。

图1-3-11　　　　　　图1-3-12

【步骤12】复制图层5，"Ctrl+T"自由变化调整方向。如图1-3-13所示。

图1-3-13

【步骤13】打开"插画素材"导入文件的右下方，单击图层控制面板，添加图层蒙版命令，选择"画笔工具"，设置前景色为黑色，删除多余的部分。复制本图层，按住Ctrl健载入选区，填充深蓝色（C：70，M：30，Y：20，K：5）制作投影。在图层控制面板中调整"插画素材"图层与"插画素材副本"的位置关系，使"插画素材"图层位于上方。如图1-3-14所示。

图1-3-14

【步骤14】新建图层11，选择"画笔工具"绘制云彩，添加图层蒙版，擦除调整云彩效果。同样新建图层12，绘制云彩，填充白色。如图1-3-15所示。

图1-3-15

【步骤15】新建图层13，选择"直线工具"，设置前景色为蓝色，在工具属性栏中设置"形状模式"，描边类型为虚线，粗线为3像素。如图1-3-16所示。

图1-3-16

【步骤16】新建图层14，选择"直线工具"，绘制直线。如图1-3-17所示。

图1-3-17

【步骤17】选择"直排文字工具""横排文字工具"，输入段落文字，单击字符控制面板中设置段落行间距。（快捷键Alt+↑或Alt+向下箭头），设置字号、字体、颜色。如图1-3-18所示。

图1-3-18

【步骤18】新建图层15，选择"钢笔工具"，设置前景色为白色，在路径控制面板中单击"用画笔描边路径"。如图1-3-19所示。

图1-3-19

【步骤19】新建图层16，选择"多边形套索工具"绘制飞机。如图1-3-20所示。

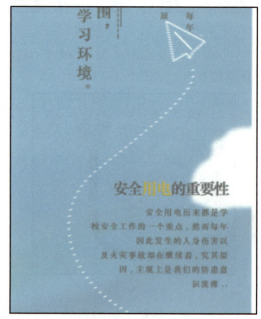

图1-3-20

【步骤20】执行"文件"→"存储为"命令，在弹出的对话框中，找到保存文件位置，设置"文件名"为"校园安全单页广告"，保存类型为"Photoshop*PSD；PDD"，最后单击"保存"按钮。如图1-3-21所示。

图1-3-21

1.3.3　知识拓展

常见的单页广告有以下 4 个优点。
（1）一对一地直接发送，可以减少信息传递过程中的丢失率，使广告效果达到最大化。
（2）信息反馈及时、直接，有利于买卖双方双向沟通。
（3）有针对性地选择目标对象，有的放矢，减少浪费。
（4）在一定期间内，扩大营业额，并提高商家知名度。

▶ 课后习题

1. 基础案例习题

"骑行河北"单页效果如图 1-3-22 所示，案例素材可在资源包中提取。

操作步骤如下：

（1）新建文件大小 38cm×53cm，"分辨率" 300 像素/英寸，"颜色模式"为 CMYK 颜色。

（2）新建图层，利用"多边形磁性套索"绘制右上角房屋，并填充白色"钢笔工具"绘制弯曲小路，将路径转为选区，填充白色。

（3）打开素材"石狮"，拖拽至文件中，填充白色。

（4）打开素材"骑车"拖拽至文件中，利用"自由变化"命令调整大小，放置合适位置。

图1-3-22

（5）选择"文字工具"输入相应文字，设置字体、字号、颜色。

（6）背景图层填充深绿色，利用"钢笔工具"绘制曲线，填充浅绿色。

（7）利用"钢笔工具"绘制一根曲线，画笔描边，颜色为绿色。单击路径选择"文字工具"输入"相约河北，创造奇迹"，使得字体环绕在路径上。

（8）保存文件。

2. 提高案例习题

护肤品单页效果如图1-3-23所示，案例素材可在资源包中提取。

核心步骤如下。

（1）利用"矩形选框工具"绘制大小为10.5cm×28.9cm的矩形选框，选择"径向渐变"并填充颜色。

（2）利用"椭圆选框工具"绘制圆，填充颜色置入素材，执行"创建剪贴蒙版"命令，并设置"图层样式"添加描边效果。

（3）利用"文字工具"输入"俏丽人·美妆节"并为其添加描边、渐变、投影等效果。

（4）利用"矩形选框工具"绘制白色内框，并放置合适位置。

（5）利用"文字工具"输入图中的文字并调整合适的字体和字号。

图1-3-23

3. 设计案例习题

设计"百年传承"广告，参考效果如图1-3-24所示。

图1-3-24

1.4 折页广告设计

折页广告又称"非媒介性广告",不需借助其他媒体,针对性强,内容自由多变,多由广告主提供。折页广告有不同的折页形式如两折页、三折页及多折页等不同形式。

折页广告效果如图1-4-1所示,涉及的素材如图1-4-2所示,案例素材可在资源包中提取。

图1-4-1

图1-4-2

1.4.1 操作思路

关于"折页广告"的设计,可以从以下几个方面着手进行分析。

(1)主题元素:由广告主提供,内容灵活多变,折页样式及开本也可根据广告内容灵活变动。本节案例主要针对旅游商业广告。

(2)主色调:在案例中主色调选择以砖红色为主,淡黄色为辅,体现出古城的历史沉淀。古朴简约的设计风格加上颜色的强烈对比能更好地突出主题。

1.4.2 操作步骤

1. 相关知识

折页广告设计需要掌握以下4个要点。

(1)常规的两折页标准尺寸为196mm×216mm,三折页的标准尺寸为291mm×216mm(四边各含3mm出血位)。

(2)制作成品时,要考虑四边的出血量,一般为2~3mm(印刷尺寸小,设计尺寸大)。

(3)超出部分需裁掉,勿让白色色块遮掩。

(4)界面不要过于花哨和复杂,要达到"简而不凡"的效果。

2. 核心步骤

(1)利用"椭圆选框工具"绘制正圆形选框。

(2)利用"矩形选框工具"绘制矩形选框,并填充颜色。

(3)对特定区域进行"载入选区"的操作。

(4)创建剪贴蒙版,使图像显示部分内容。

【步骤1】启动Photoshop CC,执行"文件"→"新建"命令,新建一个名为"折页广告"的文档,设置"宽度"为19.6cm、"高度"为21.6cm、"分辨率"为300像素/英寸、"颜色模式"为"CMYK颜色",如图1-4-3所示。设置完毕后,单击"确定"按钮得到新建的图像文件。

扫一扫
看操作

图1-4-3

【步骤2】新建"图层1",选择"矩形选框工具",制作一个9.8cm×21.6cm的选框,执行"编辑"→"填充"命令,填充颜色(C:2,M:7,Y:15,K:0),如图1-4-4所示。

图1-4-4

【步骤3】新建"图层2",选择"椭圆选框工具"创建一个正圆形,单击选项栏中的"固定大小"按钮,设置"宽度"为750像素、"高度"为750像素,如图1-4-5所示。设置完毕后,单击鼠标出现一个选框,利用鼠标将其拖动到图像的中间位置,执行"编辑"→"填充"命令,为"正圆形选框"填充白色,如图1-4-6所示。

图1-4-5

图1-4-6

【步骤4】打开素材"图像1",利用"移动工具"将文件中的素材图片,拖拽至"折页广告"的文件中,并将素材调整至白色正圆形的位置,如图1-4-7所示。

图1-4-7

【步骤5】按住Alt键,将鼠标指针移至"图层2"和"图像1"的中间位置,鼠标指针的图标发生变化,此时单击,就会创建一个正圆形的剪贴蒙版,如图1-4-8所示。调整"图像1"的画面显示图像内容,如图1-4-9所示。

图1-4-8

图1-4-9

【步骤6】将素材"图像3"置入文件中,调整合适位置。利用"矩形选框工具"绘制右侧矩形,填充红色。打开素材"图像2",选择"魔棒工具"单击背景白色区域,设置"容差"为32。执行菜单中的"选择"→"反向"命令或按Shift+Ctrl+I组合键,载入花的选区,并拖拽至右侧矩形上面,效果如图1-4-10所示。

图1-4-10

【步骤7】复制"图像3"所在图层。右击"图像3"图层,从弹出的快捷菜单中选择"复制图层"命令,如图1-4-11所示,弹出"复制图层"对话框,单击"确定"按钮,即可完成图层复制,如图1-4-12所示。

图1-4-11

图1-4-12

【步骤8】选中"图像3拷贝"图层,执行"选择"→"载入选区"命令,在弹出的对话框中单击"确定"按钮。"图像3"即形成选区,如图1-4-13所示。

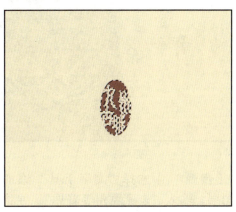

图1-4-13

【步骤9】将选区填充颜色(C:2,M:7,Y:15,K:0),利用"移动工具"将图形拖拽到适当位置,并适当调整图层顺序,如图1-4-14所示。

图1-4-14

【步骤10】利用"移动工具"将"文字1"拖拽至"折页广告"的文件中,并调整至合适的位置,如图1-4-15所示。

图1-4-15

【步骤11】选择"文字工具"添加文字图层,输入"老家冀州等着你",并将字体设置为"Adobe 宋体 Std"仿粗体,字号设置为18点,字距设置为50,颜色设置为(C: 58, M: 88, Y: 76, K: 38),如图1-4-16所示。

图1-4-16

【步骤12】选择"文字工具"输入"地址…",并将其字体设置为"Adobe 宋体 Std",字号设置为12点,字距设置为50,颜色设置为(C: 58, M: 88, Y: 76, K: 38),如图1-4-17所示。

图1-4-17

【步骤13】选择"移动工具",将两个文字图层,执行"水平居中对齐"命令,放置合适位置,如图1-4-18所示。

图1-4-18

【步骤 14】选择"直排文字工具"输入"每逢佳节倍思亲"和"In every holiday season",将"每逢佳节倍思亲"字体设置为"思源黑体 CN",字号设置为 18 点,字距设置为 24,颜色设置为(C:2,M:7,Y:15,K:0)。将"In every holiday season"字体设置为"思源黑体 CN",字号设置为 14 点,字距设置为 24,颜色设置为(C:2,M:7,Y:15,K:0)。选中两个文字图层,执行"顶对齐"命令,如图 1-4-19 所示。

图 1-4-19

【步骤 15】选择"文字工具"分别输入"衡水""冀州"和"Jizhou, Hengshui",设置"衡水"和"冀州"字体为"思源黑体 CN"、字号为 14 点、字距为 24、颜色为(C:2,M:7,Y:15,K:0)。设置"Jizhou, Hengshui"字体为"思源黑体 CN"、字号为 10 点、字距为 12、颜色为(C:2,M:7,Y:15,K:0)。将"衡水"和"冀州"两个文字图层执行"垂直居中对齐"命令,选中"衡水"和"Jizhou, Hengshui"两个文字图层,将执行"左对齐"命令,再选中"冀州"和"Jizhou, Hengshui"两个文字图层,再执行"右对齐"命令。完成后最终效果如图 1-4-20 所示。

图 1-4-20

【步骤 16】执行"文件"→"存储为"命令,在弹出的对话框中,找到想要保存的文件位置,设置"文件名"为"折页广告","保存类型"为"Photoshop(*.PSD;PDD)",最后单击"保存"按钮将其保存。

1.4.3 知识拓展

常见的折页广告宣传有以下 3 个优点。

(1)折页广告开本灵活多样,涉及篇幅可根据广告内容灵活变化。

(2)折页广告自成一体,不用借助其他媒体,又称为"非媒介性广告"。

(3)制作精美的折页广告,会被长期保存,延长阅读时间。

课后习题

1. 基础案例习题

"文明旅行"折页效果如图1-4-21和图1-4-22所示，案例素材可在资源包中提取。

操作步骤如下：

（1）新建文件大小30cm×30cm，"分辨率"150像素/英寸，"颜色模式"为CMYK颜色。

（2）新建图层，利用"渐变工具"制作中间折页效果。渐变类型为"线性渐变"。颜色调整为"灰色到白色"。

（3）新建文件，利用"钢笔工具"绘制素材边缘的异形图形，填充蓝色，并复制多层更改颜色。

（4）"素材图层"与"异形图形图层"做剪贴蒙版效果。

（5）利用"钢笔工具"绘制素材旁边的曲线，填充绿色。

（6）选择"文字工具"输入相应文字，设置字体、字号、颜色。

（7）利用"钢笔工具"绘制虚线，画笔描边，颜色为绿色。

（8）选择"椭圆工具"绘制圆形，打开素材城市，拖拽至文件中，做剪贴蒙版效果。

（9）选择"文字工具"单击左键拖拽，复制文本，设置字体、字号、颜色。

（10）保存文件。

图1-4-21

图1-4-22

2. 提高案例习题

三折页效果如图1-4-23所示，案例素材可在资源包中提取。

核心步骤如下。

（1）利用"矩形选框工具"绘制三个大面，填充颜色，设置图层样式"投影"。

（2）利用"矩形选框工具""圆角工具""多边形套索工具"绘制铅笔和橡皮，并设置和填充颜色。

（3）利用"多边形套索工具"绘制飞机，并用"加深工具"制作飞机的暗部。

（4）利用"画笔工具"绘制飞机拉线。

（5）利用"直线工具"绘制名片中的线。

（6）利用"多边形套索工具""椭圆工具"绘制瓶子。

（7）利用"椭圆选框工具""矩形选框工具"绘制2018文字。

（8）利用"自定形状工具"绘制电话。

（9）利用"文字工具"输入文字，设置字体、颜色、字号、字距和行距。

（10）置入素材，调整合适位置。

3. 设计案例习题

设计"三折页广告"，参考效果如图1-4-24所示。

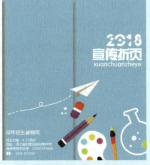

图1-4-23　　　　　　　　图1-4-24

1.5 报纸广告设计

报纸广告是指刊登在报纸上的广告。它的优点是读者稳定，传播覆盖面大，包容量大，报纸的版面大，篇幅多可供广告主充分地选择和利用。时效性强，特别是日报，可将广告及时登出，并马上送至读者，可信度高，制作简单，灵活。缺点主要是读者很少传阅，表现力差，多数报纸表现色彩简单，刊登形象化的广告效果差。

地产报纸广告效果如图1-5-1所示，涉及的素材如图1-5-2所示，案例素材可在资源包中提取。

图1-5-1

图1-5-2

1.5.1 操作思路

关于"地产报纸广告"的设计，可以从以下几个方面着手进行分析。

（1）主题元素：本广告以"文字"和"图画"为主，版面单纯简洁，内容精练，重点突出、醒目。鉴于报纸为纸质及印制工艺上的原因，广告中的商品外观形象、款式和色彩不能理想地反映出来。

（2）主色调：在案例中主色调选择以浅黄色和棕色为主，与楼盘的绿地蓝天形成对比，这样的对比使画面的建筑物给人温暖舒适的感觉，也注重了版面的利用率及收益。

1.5.2 操作步骤

1. 相关知识

报纸广告的版面编排应注意以下3个要点。

（1）版面编排的模式有整版、半版、通栏（横式、竖式）、中缝、刊头等不同的编排模式。

（2）版面编排正确引导读者的视线。根据阅读习惯，视线的转移一般是自上而下、自左而右进行的。编排就是在视觉流程中有意识地把主要的信息强化并加以发展，利用图形、文字、色彩等基本要素使广告所要表达的信息主次分明，一目了然。

（3）报纸广告编排体现企业（品牌）统一形象。企业标识是企业形象最直观的代表，是企业符号化的象征。在报纸广告中，企业自身形象往往是一个宣传的重点，有时为了突出企业形象，常把它的标志、图形放在最佳视点，使人产生深刻记忆。

报纸广告中的文字需要变成矢量图形以防止丢失像素，需要执行"创建轮廓"命令，将文字转成曲线。一般在Illustrator或CorelDRAW中直接输出。

2. 核心步骤

（1）利用"矩形选框工具"绘制矩形，填充颜色。

（2）利用"多边形套索工具"绘制不规则直线图形，填充颜色。

（3）利用"钢笔工具"绘制素材"地产"周围的四个边框，填充颜色。

（4）利用"图层蒙版"制作出"地产"效果。

（5）利用"自定形状工具"中的形状"电话2"绘制图形。

（6）在Photoshop中保存源文件"地产广告1"。

（7）在Illustrator软件中，置入源文件"地产广告1"，选择"文字工具"输入文字，通过"对齐"和"字符"命令进行调整，执行"创建轮廓"命令。

（8）在Illustrator软件中，保存源文件"地产报纸广告"。

【步骤1】启动Photoshop CC，执行"文件"→"新建"命令，新建一个名称为"地产报纸广告"的文档，设置"宽度"为17cm、"高度"为23.5cm、"分辨率"为300像素/英寸、"颜色模式"为"CMYK颜色"，如图1-5-3所示。设置完毕后，单击"确定"按钮得到新建的图像文件。

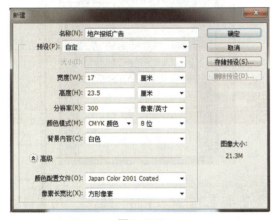

图1-5-3

【步骤2】在"图层"面板上，新建"图层1"，填充浅黄色（C：9，M：12，Y：51，K：0），如图1-5-4和图1-5-5所示。

图1-5-4

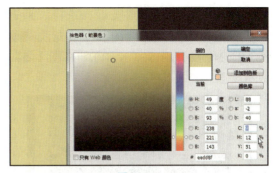

图1-5-5

扫一扫
看操作

【步骤3】新建"图层2"，选择"矩形选框工具"绘制矩形，填充酒红色（C：65，M：100，Y：100，K：64），如图1-5-6和图1-5-7所示。

 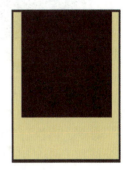

图1-5-6

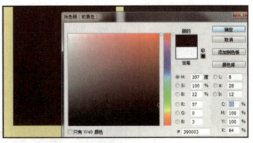

图1-5-7

【步骤4】新建"图层3"，选择"矩形选框工具"在上方绘制细条矩形，填充浅黄色（C：9，M：12，Y：51，K：0），如图1-5-8所示。

图1-5-8

【步骤5】新建"图层4",选择"画笔工具"绘制不规则直线图形,填充浅黄色(C:9,M:12,Y:51,K:0),如图1-5-9所示。

图1-5-9

【步骤6】选中"图层4"并单击鼠标右键,在弹出的快捷菜单中选择"复制图层"命令,再执行"编辑"→"自由变换"命令或按Ctrl+T组合键,然后右击,在弹出的快捷菜单中选择"水平翻转"命令,如图1-5-10所示。

图1-5-10

【步骤7】打开素材"图标",置入到"地产报纸广告"文件中,选择"魔棒工具"设置"容差"为32,单击图标素材中的白色背景,按Delete键删除,如图1-5-11~图1-5-13所示。

图1-5-11

图1-5-12

图1-5-13

【步骤8】新建"图层6",选择"矩形选框工具"在中间绘制矩形,填充浅黄色(C:9,M:12,Y:51,K:0),如图1-5-14所示。

图1-5-14

【步骤9】置入素材"建筑",用"移动工具"将素材移动到合适位置后得到"图层7",复制"图层7",单击图层面板中的"添加矢量蒙版"按钮,选择"画笔工具"擦除多余部分,如图1-5-15所示。

 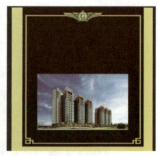

图1-5-15

【步骤10】新建"图层8",选择"钢笔工具"绘制图形,在路径控制面板中将路径转换为选区,或快捷键 Ctrl+Enter 组合键填充浅黄色(C:7,M:14,Y:69,K:0),并复制3个,用"移动工具"移动到合适的位置,如图 1-5-16~图 1-5-18 所示。

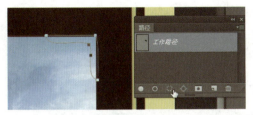

图1-5-16

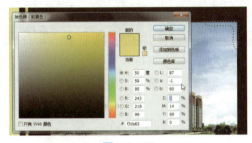

图1-5-17

图1-5-18

【步骤11】新建"图层9",选择"矩形选框工具"绘制右下方直线,填充酒红色(C:65,M:100,Y:100,K:64),复制"图层9"并移动到合适位置,如图 1-5-19 所示。

图1-5-19

【步骤12】在图层面板中选中"图层9副本"复制,执行"编辑"→"自由变化"命令,然后右击,在弹出的快捷菜单中选择"旋转90度(顺时针)"命令,得到"图层9副本2",再复制"图层9副本2",如图 1-5-20 所示。

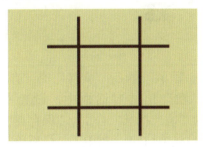

图1-5-20

【步骤13】新建"图层10",选择"椭圆选框工具"同时按住 Shift 键绘制正圆形,填充酒红色(C:65,M:100,Y:100,K:64),如图 1-5-21 所示。

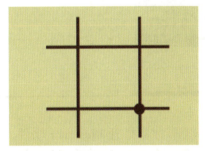

图1-5-21

【步骤14】新建"图层11",设置前景色为酒红色(C:65,M:100,Y:100,K:64),选择"自定形状工具",在选项栏中选择工具模式为"正常",形状选择"电话2"图形,如图 1-5-22 和图 1-5-23 所示。

图1-5-22

图1-5-23

【步骤15】新建"图层12",选择"矩形选框工具"绘制矩形线,填充酒红色(C:65,M:100,Y:100,K:64),如图1-5-24所示。

图1-5-24

【步骤16】执行"文件"→"存储为"命令,在弹出的对话框中,设置"文件名"为"地产报纸广告1","保存类型"为"Photoshop(*.PSD;PDD)",最后单击"保存"按钮,如图1-5-25所示。

图1-5-25

【步骤17】打开Illustrator软件,将保存好的源文件"地产报纸广告1"置入到软件中,选择"将图层转换为对象",单击"确定"按钮,如图1-5-26所示。

图1-5-26

【步骤18】在Illustrator软件中,选择"文字工具"在图上输入"品质生活,从金郡中央开始",设置字体为"微软雅黑"、"品质生活,从 开始"字号为14点、"金郡中央"字号为18pt、颜色填充为黄色(C:7,M:14,Y:69,K:0),如图1-5-27所示。

图1-5-27

【步骤19】选择"文字工具"在图上输入"品质之居 城市之巅",设置字体为"微软雅黑"、字号为36pt、颜色填充为白色,如图1-5-28所示。

图1-5-28

【步骤20】选择"文字工具"在"品质之居,城市之巅",下方输入文字,设置字体为"宋体"、字号为6pt、颜色填充为黄色(C:30,M:30,Y:75,K:0),如图1-5-29所示。

图1-5-29

【步骤21】按住Shift键同时选中三排字体，在"对齐"面板中单击"水平居中对齐"按钮或按Shift+F7组合键，如图1-5-30所示。

图1-5-30

【步骤22】选择"文字工具"输入电话号码，字体为"微软雅黑"、字号为26pt，按住Shift键同时选中电话图标和电话号码，在"对齐"面板中单击"垂直顶对齐"按钮如图1-5-31所示。

图1-5-31

【步骤23】选择"文字工具"输入地址、日期等，字体为"宋体"、字号为12pt，填充酒红色（C：65，M：100，Y：100，K：64），在"字符"面板中设置行距为18pt，如图1-5-32所示。

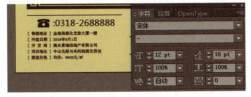

图1-5-32

【步骤24】选择"文字工具"在街道路输入道路文字，填充颜色，分别为黑色和酒红色，设置字体为"宋体"、字号为8pt，如图1-5-33所示。

图1-5-33

【步骤25】按住Shift键选择所有文字后并右击，在弹出的快捷菜单中选择"创建轮廓"命令，如图1-5-34所示。

图1-5-34

【步骤26】执行"文件"→"存储为"命令，在弹出的对话框中，设置"文件名"为"地产报纸广告"，"保存类型"为"Adobe Illustrator（*.AI）"，最后单击"保存"按钮，如图1-5-35所示。

图1-5-35

【步骤27】最终效果如图1-5-36所示。

图1-5-36

1.5.3　知识拓展

常见的报纸广告设计版面有以下8种。

（1）报花广告版面很小，形式特殊。不具备广阔的创意空间，文案只能做重点式表现。

突出品牌或企业名称、电话、地址及企业赞助之类的内容。不体现文案结构的全部，一般采用一种陈述性的表述。

（2）报眼广告是横排版报纸报头一侧的版面。版面面积不大，但位置十分显著、重要，引人注目。

（3）半通栏广告约50mm×350mm或32.5mm×235mm，版面较小，而且众多广告排列在一起，互相干扰，广告效果容易互相削弱。

（4）单通栏广告约100mm×350mm或65mm×235mm，是广告中最常见的一种版面，符合人们的正常视觉，因此版面自身有一定的说服力。

（5）双通栏广告一般约200mm×350mm和130mm×235mm两种类型。在版面面积上是单通栏广告的2倍。凡适于报纸广告的结构类型、表现形式和语言风格都可以在这里运用。

（6）半版广告一般约250mm×350mm和170mm×235mm两种类型。半版、整版和跨版广告，均被称为大版面广告，是广告主雄厚的经济实力的体现。

（7）整版广告一般可分为500mm×350mm和340mm×235mm两种类型，是单版广告中最大的版面，给人以视野开阔，气势恢宏的感觉。

（8）跨版广告即一个广告作品，刊登在两个或两个以上的报纸版面上。一般有整版跨版、半版跨版、1/4版跨版等几种形式。跨版广告很能体现企业的大气魄、厚基础和经济实力，是大企业所乐于采用的。

课后习题

1. 基础案例习题

"科学防疫"广告如图1-5-37所示。

操作步骤如下：

（1）新建文件大小38cm×53cm，"分辨率"300像素/英寸，"颜色模式"为CMYK颜色。

（2）新建图层，利用"钢笔工具"绘制病毒外轮廓，并填充渐变色深蓝到浅蓝。渐变类型为"径向渐变"。

（3）利用"椭圆工具"绘制病毒眼睛，并填充渐变色，设置图层样式。

（4）利用"椭圆工具"绘制病毒嘴巴，并填充渐变色。利用"钢笔工具"绘制病毒牙齿和舌头，填充白色和渐变橘色。

（5）选择"文字工具"输入相应文字，设置字体、字号、颜色。

（6）利用"椭圆工具"绘制刀子，填充黑色，并用"文字工具"输入相应文字。

（7）利用"椭圆工具"绘制刀插入病毒之间间隙。添加"图层蒙版"，用"画笔"擦除调整自然度。

（8）保存文件。

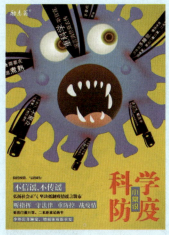

图1-5-37

2. 提高案例习题

"棕情端午"广告效果如图1-5-38所示。

核心步骤如下。

(1) 新建文件大小21cm×29.4cm, "分辨率"300像素/英寸, "颜色模式"为CMYK颜色。

(2) 新建图层, 利用"钢笔工具"绘制粽子, 并填充绿色。

(3) 利用"椭圆工具"绘制太阳, 并填充渐变色, 设置图层样式。

(4) 利用"钢笔工具"绘制山形, 并填充渐变色。添加"图层蒙版", 用"画笔"擦除调整自然度。

(5) 选择"文字工具"输入相应文字, 设置字体、字号、颜色。

(6) 利用"钢笔工具"绘制粽上的绳子, 画笔描边填充白色。同样的方法绘制龙舟。

(7) 渐变填充背景色。

图1-5-38

3. 设计案例习题

设计"剪纸文化"广告。参考效果如图1-5-39所示。

图1-5-39

第 2 章

企业 Logo 和立体字设计与制作

- Logo 设计
- POP 字体设计
- 立体字设计

> **课堂学习目标**
>
> **知识目标:**
> 1. 文字工具的使用
> 2. 路径的应用
>
> **技能目标:**
> 1. Logo 设计的制作方法
> 2. POP 字体设计的制作方法
>
> 3. 立体字设计的制作方法
>
> **素质目标:**
> 培养理论与实操的结合能力

企业 Logo 承载着企业的无形资产,是企业综合信息传递的媒介。在企业形象传递过程中,是应用最广泛、出现频率最高的,同时也是关键的元素。

企业 Logo 的特点有识别性、领导性、同一性、造型性、传递信息性、系统性、时代性、涵盖性、通用性等。

2.1 Logo设计

企业 Logo 设计的组成方式有 3 种。图形、全文字形图形和文字 + 图形。

Logo 是事物标志的符号,指那些造型单纯、意义明确的统一、标准的视觉符号。标志具有象征和识别功能,是企业形象、特征、信誉和文化的浓缩。

沧州献王酒 Logo 设计效果如图 2-1-1 所示。

图 2-1-1

2.1.1 操作思路

关于"Logo"设计,可以从以下几个方面着手进行分析。

(1)主题元素:献王酒是沧州的特产,由此联想到沧州城市的特点是"狮子"和流经沧州的大运河等元素,运用在 Logo 中。

(2)主色调:在案例中以"狮子""大运河"剪影为题材,因此选择红色和蓝色作为主色调。图形造型简单,颜色对比鲜明。

2.1.2 操作步骤

1. 相关知识

(1)认识路径:路径就是用一系列锚点连接起来的线段或曲线,可以沿着这些线段或曲线进行描边,对完全封闭的线段或曲线进行填充,还可以将其转换为选区等。

(2)钢笔工具：最基本、最常用的路径绘制工具,使用该工具可以绘制任意形状的直线或曲线路径。钢笔工具选项栏,如图 2-1-2 所示。

图 2-1-2

(3)自由钢笔工具：使用"自由钢笔工具"可以绘制出比较随意的图形,就像用铅笔在纸上画画一样,如图 2-1-3 所示。

(4)添加锚点工具：使用"添加锚点工具"可以在路径上添加锚点。将鼠标指针放在路径上,如图 2-1-4 所示。

图 2-1-3

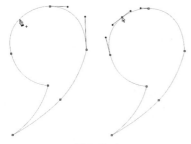

图2-1-4

（5）删除锚点工具 ：使用"删除锚点工具"可以删除路径上的锚点，如图2-1-5所示。

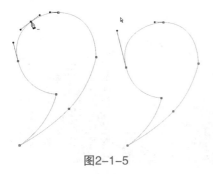

图2-1-5

（6）转化点工具 ：用来转换锚点的类型。在平滑点上单击，可以将平滑点转换为角点，如图2-1-6所示。

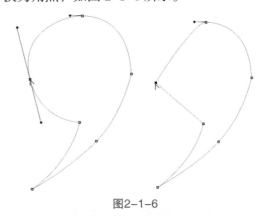

图2-1-6

（7）路径选择工具 ：可以选择单个路径，也可以选择多个路径，同时还可以组合、对齐和分布路径，选项栏如图2-1-7所示。

图2-1-7

（8）直接选择工具 ：主要用来选择路径上的单个或多个锚点、调整方向线，如图2-1-8所示。

图2-1-8

（9）矩形工具、圆角矩形工具等，如图2-1-9所示。

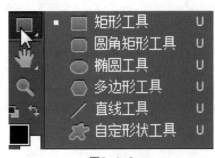

图2-1-9

①矩形工具、椭圆工具：按住Shift键可绘制正方形、正圆形，按住Alt键可绘制以鼠标指针起点为中心的矩形、圆形，按住Shift+Alt组合键可绘制以鼠标指针起点为中心的正方形、正圆形。

②圆角矩形工具：可以创建出具有圆角效果的矩形。"半径"文本框用来设置圆角的半径，值越大，圆角越大。设置选项如图2-1-10所示。

图2-1-10

③多边形工具：可以创建正多边形（最少3条边）和星形，设置选项如图2-1-11所示。

图2-1-11

④直线工具：可以创建出直线和带有箭头的路径，设置选项如图2-1-12所示。

图2-1-12

⑤自定形状工具：可以创建非常多的形状，设置选项如图2-1-13所示。

图2-1-13

（10）文字工具包括横排文字工具、直排文字工具、横排文字蒙版工具、直排文字蒙版工具。"文字工具"选项栏如图2-1-14所示。

图2-1-14

①改变文本方向：可以在"横排文字工具"和"竖排文字工具"之间进行切换。

②设置字体：可以设置不同的字体，包括黑体、宋体、楷体、幼圆等。

③设置字体大小：可以设置字体的大小。

④设置消除锯齿的方法：设置消除文字锯齿的功能。

⑤对齐文本：设置文字对齐方式，左对齐、居中、右对齐。

⑥文字颜色：设置字体的颜色，在拾色器中选择字体的颜色。

⑦创建变形文字：设置输入文字的变形效果。

⑧切换字符和段落的控制面板：单击此处可显示或隐藏"字符"和"段落"的控制面板。

2. 核心步骤

（1）利用"钢笔工具"绘制"狮子"和"大运河"的简易图形，填充颜色。

（2）利用"文字工具"输入"沧州献王酒"，并将文字栅格化，创建文字变形，添加渐变叠加效果。

【步骤1】启动 Photoshop CC，执行"文件"→"新建"命令，新建一个名称为"沧州献王酒"的文档，设置"宽度"为 800 像素、"高度"为 800 像素、"分辨率"为 150 像素/英寸，"颜色模式"为"CMYK 颜色"，如图 2-1-15 所示。设置完毕后，单击"确定"按钮得到新建的图像文件。

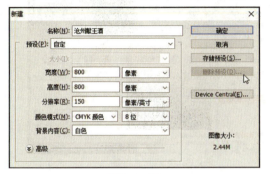

图 2-1-15

【步骤2】新建"图层1"，选择"钢笔工具"绘制大运河的简易图形，如图 2-1-16 所示。

图 2-1-16

【步骤3】在路径控制面板下方单击"将路径作为选区载入"按钮或按 Ctrl+Enter 组合键，如图 2-1-17 所示。

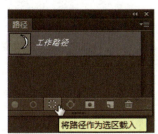

图 2-1-17

【步骤4】执行"编辑"→"填充"命令或按 Shift+F5 组合键，在弹出的"填充"对话框中，填充内容选择"颜色"，设置深蓝色（C:80，M:65，Y:10，K:0），单击鼠标右键取消选区或按 Ctrl+D 组合键，如图 2-1-18 和图 2-1-19 所示。

扫一扫
看操作

图 2-1-18

图 2-1-19

【步骤5】新建"图层2"，重复步骤1中的方法绘制另一个简易图形，填充浅蓝色（C:60，M:35，Y:0，K:0），如图 2-1-20 所示。

图 2-1-20

【步骤6】新建"图层3"，选择"钢笔工具"绘制"狮子"图形，将路径转换为选区。执行"视图"→"标尺"命令或按 Ctrl+R 组合键，按住鼠标左键从标尺拖拽出一条辅助线，到狮子脚底部，使"狮子"的底部在一条直线上，如图 2-1-21 所示。

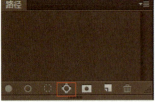

图2-1-21

【步骤7】将"狮子"路径转换成曲线，选择"渐变工具"，单击选项栏中的"线性渐变"按钮，再单击"点按可编辑渐变"按钮，弹出"渐变编辑器"对话框，设置颜色为橘红色（C：0，M：90，Y：100，K：0）到红色（C：0，M：100，Y：100，K：0）如图2-1-22和图2-1-23所示。

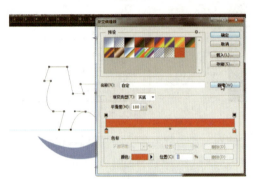

图2-1-22

图2-1-23

【步骤8】选择"文字工具"输入"沧州献王酒"，设置字体为"方正黑体简体"、字号为50点，在选项栏中单击"创建文字变形"按钮，选择"样式"为"扇形"，选中"水平"单选按钮，设置"弯曲"为"-55"，单击"确定"按钮，如图2-1-24所示。

【步骤9】选择"沧州献王酒"文字图层并单击鼠标右键，在弹出的快捷菜单中选择"栅格化文字"命令，将文字栅格化。然后双击文字图层，在打开的"图层样式"对话框中，选中"渐变叠加"复选框，单击渐变色条，在"渐变编辑器"对话框中，修改渐变色为深蓝色（C：87，M：60，Y：6，K：0）到浅蓝色（C：60，M：35，Y：0，K：0），如图2-1-25和图2-1-26所示。

图2-1-25

图2-1-24

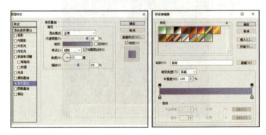

图2-1-26

【步骤10】最终效果如图2-1-27所示。

图2-1-27

2.1.3　知识拓展

（1）在Logo设计中应注意的问题如下。
①Logo应简洁鲜明，富有感染力。
②Logo应优美精致，符合美学原理。
③Logo要被公众熟知和信任。
（2）Logo的设计原则如下。
①创意的目标要符合客户和市场的要求。
②平面化、单纯化、秩序化和平面化中的立体变化。
③统一形式。

课后习题

1. 基础案例习题

信息工程优先公司Logo效果如图2-1-28所示。

图2-1-28

操作步骤如下。
（1）新建文件大小为10cm×10cm，"分辨率"为"150像素/英寸"，"颜色模式"为"CMYK颜色"。
（2）选择"椭圆工具"绘制中间球形，并对其填充渐变，渐变类型为"径向渐变"，颜色为（浅蓝色－深蓝色）。
（3）利用"钢笔工具"绘制包围球形的环形，并填充深蓝色。
（4）利用"椭圆工具""钢笔工具"绘制两个齿轮，并填充白色。
（5）将齿轮移动到合适位置，选择与边缘最近一个齿轮载入选区"反向"，选中球形，按Delete键删除。
（6）选择"椭圆工具"绘制外部圆形，删除多余的部分。
（7）选择"钢笔工具"绘制一段路径，利用"文字工具"在路径上输入"信息工程有限公司"。
（8）保存文件。

2. 提高案例习题

凤城曲周 Logo 效果如图 2-1-29 所示。

图2-1-29

核心步骤如下。

（1）利用"钢笔工具"绘制凤的图形，填充渐变颜色。
（2）利用"钢笔工具"绘制凤头上的鸡冠点，按住 Alt 键并复制两个。
（3）利用"文字工具"输入文字，设置字体、字号和颜色。
（4）选择"矩形工具"绘制文字中间的线，填充颜色。

3. 设计案例习题

设计 Logo，衡水建筑 Logo 参考图如图 2-1-30 所示。

图2-1-30

2.2　POP字体设计

POP 是英文 "Point Of Purchase" 的缩写，意为"卖点广告"，其主要用途是刺激引导消费和活跃卖场气氛。常用的 POP 为短期的促销使用，其表现形式夸张幽默，色彩强烈，能有效地吸引顾客的视点唤起购买欲，POP 作为一种低价高效的广告方式已被广泛应用。

POP 的形式有户外招贴、展板、橱窗海报、店内台牌、价目表、吊旗或立体卡通模型等。本案例重点讲解 POP 中字体、文字变形等设计技巧。

"Q空间饰品店"字体设计效果如图2-2-1所示。

图2-2-1

2.2.1 操作思路

关于本案例中"Q空间饰品店"的字体设计，可以从以下几个方面着手进行分析。

（1）主题元素：以大写字母"Q"为依托，进行变形和再次设计，体现店铺的小巧可爱，这种圆形包围式的构图形式，有温馨的感觉也不乏时尚感。

（2）主色调：在案例中主色调选择黑色、白色、红色3种颜色，对比强烈，有效地吸引顾客视点。

2.2.2 操作步骤

1. 相关知识

（1）设置"字符"属性，如图2-2-2所示。

图2-2-2

在"字符"面板中可以设置字体、字号、文字颜色、消除锯齿等，其他选项与工具选项栏中的一样，这里不再介绍。"字符"属性介绍如下。

①行间距：用于设置两行之间的间距，数值越大间距越大。

②垂直缩放/水平缩放：用于设置字符的宽度和高度比，默认为100%。

③比例间距：按指定的百分比值减少字符周围的空间。

④字间距：用于调整所有选中文字的间距。数值越大，字间距越大。

⑤微调字距：用于选择两个字符之间的距离，范围为–100~+200。

⑥字体特殊样式：单击其中的按钮，可以将选中的字体转换为这种形式显示。依次代表为仿粗体、仿斜体、全部大写字母、小型大写字母、上标、下标、下划线和删除线。

（2）设置"段落"属性，如图2-2-3所示。

图2-2-3

"段落"属性介绍如下。

①对齐方式：包括左对齐文本、居中对齐文本、右对齐文本等。

②左缩进/右缩进：用于设置文字段落的左右侧相当于左右定界框的缩进量。

③段前间距/段后间距：用于设置当前文字段落与上下文字段落之间的垂直距离。

④避头尾法则设置：用于设置第一行显示标点符号的规则。

⑤间距组合设置：用于设置自动调整字符间距时的规则。

⑥连字：选中该复选框，可以将每一行末端断开的单词添加的标记形成连字符号，使剩余的部分自动换到下一行。

2. 核心步骤

（1）利用"文字蒙版工具"绘制路径文字。

（2）利用"路径选择工具"修改路径文字，使文字变形，再填充颜色。

（3）利用"钢笔工具"绘制"间"字上的"点"，并填充颜色。

【步骤1】启动Photoshop CC，执行"文件"→"新建"命令，新建一个名称为"Q空间饰品店"的文档，设置"宽度"为800像素、"高度"为800像素、"分辨率"为300像素/英寸、"颜色模式"为"CMYK颜色"，如图2-2-4所示。设置完毕后，单击"确定"按钮得到新建的图像文件。

图2-2-4

【步骤2】选择"横排文字蒙版工具"，输入"Q"字母，设置字体为"方正黑简体"、字号为150点，单击选项栏右上角的√按钮，生成选区。在路径的控制面板中，将选区转为路径，如图2-2-5所示。

图2-2-5

【步骤3】选择"直接选择工具"，通过调整锚点进行变形，填充黑色（C：0，M：0，Y：0，K：100），如图2-2-6所示。

图2-2-6

【步骤4】选择"钢笔工具"绘制"Q"中的空白区域，填充红色（C：0，M：100，Y：100，K：0），如图2-2-7所示。

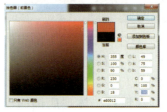 

图2-2-7

【步骤5】重复步骤2的方法，选择"文字工具"输入"Q、空、间"3个字，设置字体为"方正黑简体"、字号为30点，生成选区，转为路径，通过调整锚点进行变形，填充白色（C：0，M：0，Y：0，K：0），如图2-2-8所示。

图2-2-8

【步骤6】最终效果如图2-2-9所示。

图2-2-9

2.2.3 知识拓展

制作文字时应注意以下几个方面：

（1）文字是各类设计作品中不可缺少的设计元素，在作为题目、说明、装饰时，文字都有着不可代替的作用。

（2）色彩和图案的搭配，使文字变化多样、整体更具有视觉冲击力。

（3）设计 POP 文字时应避免繁杂凌乱，要使人易认易懂，准确表达设计主题和构想意念。

▶ 课后习题

1. 基础案例习题

"回响唱片"字体设计效果如图 2-2-10 所示。

图2-2-10

操作步骤如下。

（1）新建文件大小为 15cm×10cm，"分辨率"为 150 像素/英寸，"颜色模式"为"CMYK 颜色"。

（2）新建图层，利用"钢笔工具"、"矩形工具"和"椭圆工具"绘制文字，并对相应图层增加描边图层样式。

（3）利用"钢笔工具"绘制文字左边图形并描边。

（4）利用"椭圆选框工具"绘制左边图形中圆形，设置填充为 0%、描边为 4。

（5）保存文件。

2. 提高案例习题

"哆啦A梦"字体效果如图 2-2-11 所示。

图2-2-11

核心步骤如下。

（1）利用"矩形选框工具"和"椭圆选框工具"绘制文字图形，并填充颜色。

（2）利用"横排文字蒙版工具"输入文字，选择"路径选择工具"调整锚点将文字变形，填充颜色。

（3）利用"钢笔工具"绘制"啦"字上的小图标，并设置"描边"和"填充"选项。

3. 设计案例习题

设计字体，"摄影"参考效果如图 2-2-12 所示。

图 2-2-12

2.3 立体字设计

Photoshop 软件也可以制作一些立体感 3D 图像，与二维图像不同，3D 图像看起来比平面图像更加立体，这是因为 3D 图像使用了与平面图像不一样的原理，可以对 3D 图像进行基本的编辑处理，如创建 3D 对象、合并 3D 对象、编辑和创建 3D 纹理贴图等操作。

立体字"Happy New Year"设计效果如图 2-3-1 所示。

图 2-3-1

2.3.1 操作思路

关于本案例中"立体字"的设计，可以从以下几个方面着手进行分析。

（1）主题元素：对字母进行立体效果，使字体更有艺术感、时尚感和立体感。

（2）主色调：在案例中主色调选择红色与绿色，这两种为互补色对比强烈，可有效地吸引顾客视点。

2.3.2 操作步骤

1. 相关知识

（1）3D 操作界面介绍，如图 2-3-2 所示。

第 2 章　企业 Logo 和立体字设计与制作

图2-3-2

在 Photoshop 中打开、创建和编辑 3D 文件时，会自动切换到 3D 界面中，Photoshop 可以保留对象的纹理、渲染和光照信息，并将 3D 模型放在 3D 图层上，在其下面的条目中显示对象的纹理。

3D 文件包含网格、材质和光源等组件。其中，网格相当于 3D 模型的骨骼，材质相当于 3D 模型的皮肤，光源相当于太阳或白炽灯，可以使 3D 场景亮起来，让 3D 模型可见，网格提供了 3D 模型的底层结构。一个网格可具有一种或多种相关的材质，它们控制整个网格或局部网格的外观。材质映射到网格上，可以模拟各种纹理和质感，如颜色、图案、反光度或崎岖度等。

（2）3D 场景介绍，如图 2-3-3 所示。

3D 场景可以设置渲染模式、选择要在其绘制的纹理或创建横截面。单击"3D"面板中的 或 按钮，可以显示场景中的所有条目。

3D 网格：如果单击"3D"面板顶部的"网格"按钮 ，面板中就只显示网格组件，此时可以在"属性"面板中设置网格属性。

（3）3D 材质介绍，如图 2-3-4 所示。

单击"3D"面板顶部的"材质"按钮 ，然后单击"属性"面板中的材质球右侧的 按钮，打开下拉面板，在该面板中可以选择一种预设的材质。

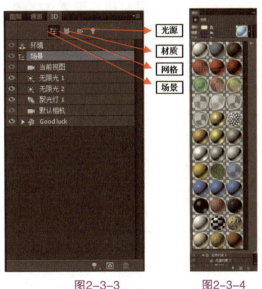

图2-3-3　　　图2-3-4

（4）3D 光源介绍，如图 2-3-5 所示。

3D 光源可以从不同角度照亮模型，从而添加逼真的深度和阴影。单击"3D"面板顶部的"光源"按钮 ，面板中会列出场景中所包含的全部光源，Photoshop 提供了点光、聚光灯和无限光，在"属性"面板中可以调整光源参数。

47

图2-3-5

2. 核心步骤

（1）利用"文字工具"输入"Happy New Year"。

（2）利用"3D工具"设置各种数值制作效果。

扫一扫
看操作

【步骤1】启动 Photoshop CC，执行"文件"→"新建"命令，新建一个名称为"Happy New Year"的文档，设置"宽度"为 50cm、"高度"为 50cm、"分辨率"为 72 像素/英寸、"颜色模式"为"RGB颜色"，如图 2-3-6 所示。设置完毕后，单击"确定"按钮得到新建的图像文件。

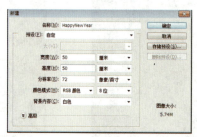

图2-3-6

【步骤2】选择"文字工具"输入"Happy New Year"，设置"字体"为 vivaldi、"字号"为 200 点、颜色为红色（R:255, G:0, B:0），如图 2-3-7 所示。

图2-3-7

【步骤3】在"文字工具"的选项栏中单击"创建文字变形"按钮，在打开的"变形文字"对话框中设置"样式"为"拱形"，选中"水平"单选按钮，设置"弯曲"为 25%，单击"确定"按钮，如图 2-3-8 所示。

图2-3-8

【步骤4】选中"Happy""New""Year"这 3 个图层并单击鼠标右键，在弹出的快捷菜单中选择"转换为形状"命令，如图 2-3-9 所示。

图2-3-9

【步骤5】执行"3D"→"从所选路径新建 3D 模型"命令，建立 3D 工作区，如图 2-3-10 所示。

图2-3-10

【步骤6】选中文字,在"属性"面板中设置"凸出深度"为150,取消"投影"复选框前方的对钩,如图2-3-11所示。

图2-3-11

【步骤7】新建聚光灯,在俯视图的视角下将聚光灯放在文字后面,如图2-3-12所示。

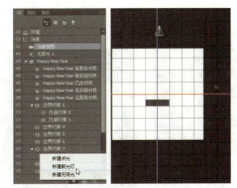

图2-3-12

【步骤8】单击凸出材质,设置漫射颜色、镜像颜色、发光色、环境色的数值,如图2-3-13和图2-3-14所示。

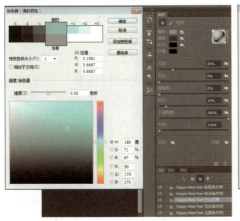
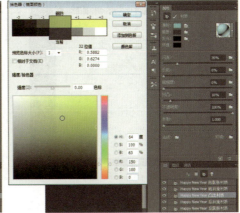

图2-3-13

图2-3-14

【步骤9】设置"属性"面板的数值，如图2-3-15所示。

【步骤10】在俯视图的视角下，添加聚光灯调整至字左前方，如图2-3-16所示。

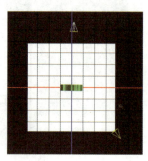

图2-3-15　　　　图2-3-16

【步骤11】执行"3D"→"渲染"命令或按 Alt+Shift+Ctrl+R 组合键，如图2-3-17所示。

图2-3-17

【步骤12】执行"图层"→"栅格化"→"3D"命令，如图2-3-18所示。

图2-3-18

【步骤13】将"Happy""New""Year"这3个图层调整到合适位置，完成最终效果如图2-3-19所示。

图2-3-19

2.3.3 知识拓展

3D功能课制作出许多3D模型、3D立体字和对象凸出效果，首先要掌握多种的3D对象的创建方法，那怎样才能更与实际更贴切，更有质感呢？就是材质。材质是什么？材质就是物质看起来是什么质地。材质可以看成是材料和质感的结合。在渲染过程中，它是表面各可视属性的结合，这些可视属性是指表面的色彩、纹理、光滑度、透明度、反射率、折射率、发光度等。正是有了这些属性，才能让我们识别三维中的模型是什么做成的，也正是有了这些属性，三维的虚拟世界才会和真实世界一样缤纷多彩。

那么，如何才能让我们更好地把握质感。光源的应用是非常重要的，因为离开光材质即无法体现。例如，借助夜晚微弱的夜光，我们往往很难分辨物体的材质，而在正常的照明情况下，就很容易分辨。另外，在彩色光源的照射下，我们也很难分辨物体表面的颜色，在白色光源的照射下很容易。这种情况表明了物体的材质与光的微妙关系。

课后习题

1. 基础案例习题

立体字"Good Luck"设计效果如图2-3-20所示。

图2-3-20

操作步骤如下。

（1）新建文件大小为49cm×49cm，"分辨率"为72像素/英寸，"颜色模式"为"RGB颜色"。

（2）选择"文字工具"输入文字，设置字体为"Vivaldi"，字号为48点、颜色为"#fa006e"。小字体设置为24点。在文字上右击，执行"转换为形状"命令，利用"自由变换"→"变形"命令将图形进行弯曲。

（3）合并图层，构建3D场景，创建3D图层。选中图形设置"凸出深度"为"25"，在"属性"面板中设置"漫反射"等颜色值，进行颜色调整，再设置凸出材质的颜色、聚光灯，最后进行渲染。

（4）保存文件。

2. 提高案例习题

"爱心助农"广告效果如图2-3-21所示。

核心步骤如下。

（1）利用"文字工具"输入文字，选择"3D面板"进行立体化效果的制作。

（2）新建图层，利用"钢笔工具"绘制棕子，并填充绿色。

（3）利用"钢笔工具"绘制斑马线，画笔描边虚线。

（4）利用"钢笔工具"绘制道路，并填充颜色。

（5）选择"钢笔工具"绘制汽车和红绿灯，选择"3D面板"进行立体化效果的制作。

图2-3-21

3. 设计案例习题

设计立体字，参考效果如图2-3-22所示。

图2-3-22

第 3 章

招贴及户外广告设计与制作

- ■汽车广告设计
- ■电影广告设计
- ■公益广告设计
- ■旅游宣传广告设计
- ■超市广告设计

> **课堂学习目标**
>
> **知识目标：**
> 1. 图层的认识
> 2. 图层蒙版应用
>
> **技能目标：**
> 1. 汽车广告的制作方法
> 2. 电影广告的制作方法
> 3. 公益广告的制作方法
> 4. 旅游宣传广告的制作方法
> 5. 超市广告的制作方法
>
> **素质目标：**
> 1. 了解平面设计不同的风格表现与流行趋势
> 2. 设计的表达能力和创新意识

广告宣传的内容和对象都比较广泛，包括经济性广告和非营利性广告，除了推销商品和劳务，获取利益的营利性广告外，还有为达到某种宣传目的的非营利性广告，如公益广告、行政性广告、团体和个人说明、启事等。一个完整的广告包括以下几个基本要素：广告主、广告对象、广告内容、广告媒介、广告目的及广告费用等。种类涵盖了印刷广告和户外广告等。

招贴又名"海报"或宣传画，属于户外广告，分布在各街道、影剧院、展览会、商业闹区、车站、公园等公共场所。招贴相比其他广告具有画面大、内容广泛、艺术表现力丰富、远视效果强烈的特点。表现形式幽默夸张，色彩强烈，能有效吸引顾客，唤起购买欲，它作为一种低价高效的广告方式已被广泛应用。

3.1 汽车广告设计

汽车广告中大部分宣传的是汽车商品在行业领域中已经有较高的知名度，通过平面招贴广告让大众知道有这么一款新车上市，突出其定位。除最大限度地突出主角之外，还可以通过抽象、时尚及强烈的色彩对比的风格来吸引大众，从而起到宣传的目的。

阿斯顿汽车广告效果如图 3-1-1 所示，涉及的素材如图 3-1-2 所示，案例素材可在资源包中提取。

图 3-1-2

3.1.1 操作思路

关于"汽车广告"的设计，可以从以下几个方面着手进行分析。

（1）主题元素：针对案例中的车型，要求以最大限度的凸显其时尚气息。

（2）风格：将抽象、绚丽、热情、时尚等多种风格融为一体。

（3）主色调：通过多个橘红色调的渐变条虚拟出大城市的建筑群等，构成抽象、绚丽的中心画面。

（4）文字：结合企业文化添加商标及广告语，以达到吸引大众关注的目的。

3.1.2 操作步骤

1. 相关知识

户外的汽车广告与其他广告形式相比，

图 3-1-1

具有内容广泛，艺术表现力丰富等特点，可以从以下3个特点着手。

（1）画面大。画面大是汽车招贴广告最直观的一个特点，为了避免其张贴在热闹的公众场所而容易受到周围环境的各种因素的干扰，所以画面尺寸必须很大，才可以突出产品的形象，并将色彩展现在大众眼前，其常用尺寸一般有全开、对开、长三开及特大画面等。

（2）远视强。除了画面大外，汽车广告通常会突出商标、标题、车型等设计元素的定位，给来去匆匆的人们留下印象。另外，强烈的色彩对比与简练、大面积空白的版面编排，也可以使其成为视觉焦点。

（3）艺术性强。汽车广告属于商业性广告，针对性较强。要有一定的艺术表现力，给消费者留下时尚、个性等感受。

2. 核心步骤

（1）利用"渐变工具"制作渐变条背景。

（2）利用"画笔工具"绘制光源的光照效果，填充车灯颜色等。

（3）利用"钢笔工具"抠取汽车素材。

（4）利用"多边形套索工具"创建出汽车阴影的底部颜色区域。

（5）利用"滤镜"和"图层样式"添加特效。

（6）利用"图层混合模式"对各种背景局部提亮、倒影效果、光晕效果进行融合。

（7）利用"显示全部"和"裁剪工具"裁剪多余部分完成最后作品。

【步骤1】打开 Photoshop CC，按 Ctrl+N 组合键新建一个文件，在"新建"对话框中设置其参数，如图3-1-3所示，单击"确定"按钮，新建一个文件。设置前景色为黑色，按 Alt+Delete 组合键为新建文件填充黑色如图3-1-4所示。

图 3-1-3

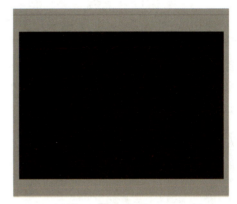

图 3-1-4

【步骤2】在"图层"面板中单击"创建新图层"按钮，新增一个空白"图层1"，将前景色设置为白色，按 Alt+Delete 组合键为新图层填充白色，如图3-1-5所示。

图 3-1-5

【步骤3】选择"矩形选框工具"在文件中间绘制竖向选区，其宽度约为画布宽度的1/6即可。用"渐变工具"填充黑色到白色的线性渐变，在填充颜色时，按 Shift 键可以按垂直方向填充，如图3-1-6所示。

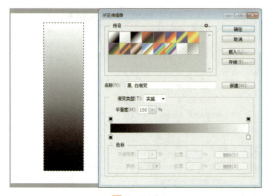

图 3-1-6

【步骤4】执行"滤镜"→"滤镜库"命令,打开"滤镜库",在滤镜列表中单击"艺术效果"下拉按钮,再选择"木刻"滤镜并调整显示比例。设置各项参数值,将原来的黑白渐变条变成7层的木刻效果,单击"确定"按钮,如图 3-1-7 所示。

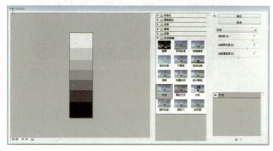

图 3-1-7

【步骤5】选择"矩形工具"用"从选区减去"模式,删除多余的选区,使木刻渐变条7层高度大致相同,如图 3-1-8 所示。

图 3-1-8

【步骤6】执行"编辑"→"定义画笔预设"命令,打开"画笔名称"对话框,输入名称后单击"确定"按钮,再选择"画笔工具",打开"画笔"面板或按F5键,在"画笔预设"中选择定义好的"木刻渐变"(1105)画笔,设置"大小"为977像素、"间距"为50%,如图 3-1-9 所示。

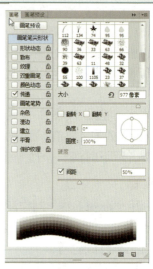

图 3-1-9

【步骤7】定义好画笔后,将新建"图层1"删除。新建图层"效果",选择"画笔工具",设置前景色、不透明度与流量等选项,数值如图 3-1-10 所示,在背景画布中多次单击,创建出底层的"效果",如图 3-1-11 所示。

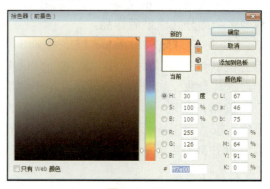

图 3-1-10

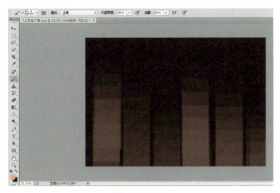

图 3-1-11

【步骤 8】新建"效果 2"图层，设置较浅黄色，重复步骤 7 创建出第二层的效果，如图 3-1-12 所示。

图 3-1-12

【步骤 9】新建"效果 3"图层，通过不断更改前景色多次创建不同颜色的效果（前景色可设置天蓝色、洋红色、浅紫色等），如图 3-1-13 所示。

图 3-1-13

【步骤 10】在"图层"面板中隐藏黑色的"背景"图层，按 Shift+Ctrl+Alt+E 组合键盖印创建"图层 1"，隐藏"效果""效果 2""效果 3"这 3 个图层，单击显示"背景"图层，如图 3-1-14 所示。

图 3-1-14

【步骤 11】选中"图层 1"在执行"滤镜"→"模糊"→"动感模糊"命令，打开"动感模糊"对话框，设置"角度"为 90 度的垂直方向，设置"距离"为 500 像素，使其产生风吹的效果，如图 3-1-15 所示。

图 3-1-15

【步骤 12】选中"图层 1"并右击，在弹出的快捷菜单中选择"转换为智能对象"命令，再执行"自由变换"命令，调整大小及位置，如图 3-1-16 所示。

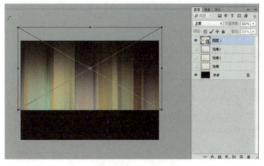

图 3-1-16

【步骤 13】按住 Ctrl 键不放，进入"自由变换"模式，向内拖动自由变换框的左上角与右上角两个变换点，使建筑群呈现出仰望的透视效果，按 Enter 键确认，如图 3-1-17 所示。

图 3-1-17

【步骤 14】在"图层"面板中单击"添加图层蒙版"按钮,为"图层 1"添加蒙版。选择"渐变工具",使用"黑—白"预设渐变样式,按 Shift 键在建筑群的下端向上拖动,使其产生从黑色淡入显示的效果,如图 3-1-18 所示。

图 3-1-18

【步骤 15】按 Ctrl+J 组合键复制"图层 1 拷贝"图层,单击"创建新图层"按钮,得到新图层命名为"倒影",按住 Ctrl 键选中下方的"图层 1 拷贝",再按 Ctrl+E 组合键执行"合并图层"命令,得到图层"倒影",如图 3-1-19 所示。

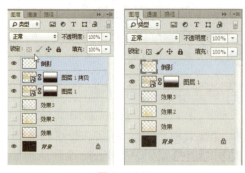

图 3-1-19

【步骤 16】选择"倒影"图层,执行"自由变换"命令,将变换框中上方的控制点向下拖动,得到倒影的雏形。在变换框上右击,在弹出的快捷菜单中选择"透视"命令,进入"透视"变换模式。按 Ctrl+- 组合键缩小图像的编辑空间,再按住 Ctrl 键将变换框右下角的变换点向右拖动,使倒影产生梯形的透视效果,最后按 Enter 键确定,如图 3-1-20 和图 3-1-21 所示。

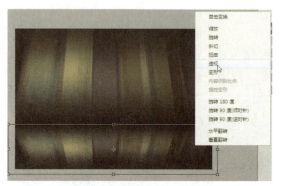

图 3-1-20

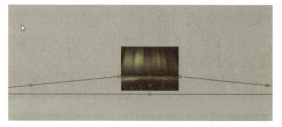

图 3-1-21

【步骤 17】选择"倒影"图层,设置"不透明度"为 50%,使得倒影效果更加逼真。再选择"图层 1"拖拽至该图层下方,互换图层顺序,如图 3-1-22 所示。

图 3-1-22

第 3 章　招贴及户外广告设计与制作

【步骤 18】选择"图层 1"添加调整图层"色阶"或按 Ctrl+L 组合键，单击"创建剪贴蒙版"按钮，使该调整图层仅对下方图层起作用，向右拖动黑色与灰色滑块，以降低效果的亮度，如图 3-1-23 所示。

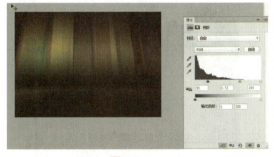

图 3-1-23

【步骤 19】执行"图层"→"新建"→"图层"命令，弹出"新建图层"对话框，在"模式"下拉列表中选择"叠加"选项，再选中"填充叠加中性色（50% 灰）"复选框，单击"确定"按钮，得到"图层 2"图层，如图 3-1-24 所示。

图 3-1-24

【步骤 20】选择"画笔工具"，设置"不透明度"为 100% 左右，配合白色的前景色在"效果"合适的位置上涂抹，提高局部亮度，使背景效果更富有质感，如图 3-1-25 所示。

图 3-1-25

【步骤 21】按住 Ctrl 键不放，通过使用逐个单击的方法，选中除"背景"以外的所有图层，执行"图层编组"命令或按 Ctrl+G 组合键，将其命名为"广告背景"，如图 3-1-26 所示。

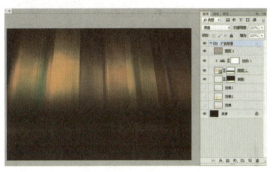

图 3-1-26

【步骤 22】打开文件"3.1- 素材 1"图像，使用"钢笔工具"沿汽车及其阴影部分绘制出路径，如图 3-1-27 所示。闭合路径后按 Ctrl+Enter 组合键，将路径转换为选区，如图 3-1-28 所示。

扫一扫
看操作

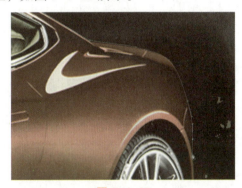

图 3-1-27

图 3-1-28

【步骤 23】选择"移动工具"将汽车拖拽到文件中，得到"图层 3"重新命名为"汽车"。执行"自由变换"命令，调整汽

59

车大小及位置，如图 3-1-29 所示。

图 3-1-29

【步骤 24】单击"创建新图层"按钮，创建新"图层 3"图层，将其拖至"汽车"图层的下方，选择"画笔工具"并打开"画笔"面板，在列表框中选择柔边的笔触，设置"大小"为 1600 像素、"角度"为 5°、"圆度"为 18%。设置前景色为白色，在汽车下方单击，填充出光源从右上方向下照射的效果，如图 3-1-30 所示。

图 3-1-30

【步骤 25】汽车倒影的制作。选择"钢笔工具"，沿车身绘制路径（不包括车影部分），按 Ctrl+Enter 组合键将路径转换为选区，如图 3-1-31 所示。

图 3-1-31

【步骤 26】选择"汽车"图层，按 Ctrl+J 组合键，复制"汽车"图层，重命名为"倒影"，执行"编辑"→"变换"→"垂直翻转"命令，将图像移动到合适位置。再执行"图像"→"显示全部"命令，"倒影"汽车呈现在画面中，如图 3-1-32 所示。

图 3-1-32

【步骤 27】车头镜像效果。选择"矩形工具"，拖动车头部分，以左前轮作为选区的边界，得到矩形选区如图 3-1-33 所示。再执行"编辑"→"变换"→"斜切"命令，向上拖动左侧中间的变换点，按 Enter 键确定，如图 3-1-34 所示。

图 3-1-33

图 3-1-34

【步骤28】重复步骤27的制作方法得到车身的镜像效果，如图3-1-35所示。

图3-1-35

【步骤29】车底倒影不完善，新建图层命名为"车底颜色"，使用"多边形套索工具"绘制车与倒影之间的空隙选区，填充为黑色，右键"取消选区"或按Ctrl+D组合键，将该图层放置在"图层3"下方，如图3-1-36所示。

图3-1-36

【步骤30】选择"倒影"图层，添加图层蒙版，使用"渐变工具"，在蒙版上填充"黑色-白色"的渐变颜色，设置"不透明度"为40%，使倒影产生从无到有的自然效果，如图3-1-37所示。

图3-1-37

【步骤31】制作汽车倒影后，剪切掉多余的白色画布，选择"裁切工具"，拖动鼠标至所需画面，双击完成操作，如图3-1-38所示。

图3-1-38

【步骤32】添加炫光效果。执行"图层"→"新建"→"图层"命令，弹出"新建图层"对话框，设置"模式"为"线性减淡（添加）"，选中"填充线性减淡中性色（黑）"复选框，单击"确定"按钮，如图3-1-39所示。

图3-1-39

【步骤33】执行"滤镜"→"渲染"→"镜头光晕"命令，在打开的"镜头光晕"对话框中设置其参数，单击"确定"按钮，如图3-1-40所示。

图3-1-40

【步骤34】按Ctrl键选中所创建的图层，再按Ctrl+G组合键进行分组，并命名为"汽车与光线"，如图3-1-41所示。

图 3-1-41

【步骤35】绘制广告框。选择"矩形工具"绘制一个与文件的宽度一致的矩形,在选项栏中设置"填充"颜色为黑色、"描边"为红色、宽度为25点的实线,新增"矩形1"图层,作为广告栏的底板,如图3-1-42所示。

【步骤36】选择"矩形工具"在底板的上方绘制一个鲜红的矩形(宽度与文件一致),新增"矩形2"图层。执行"编辑"→"变形"→"透视"命令,将左上角的变换点向右拖动,其中透视变换的幅度要与地面的反射纹理一致,按Enter键完成,如图3-1-43所示。

图 3-1-42

图 3-1-43

【步骤37】打开文件"3.1-素材2"置入文件中，将该素材放置到右下角的广告栏上，调整大小与位置，如图3-1-44所示。

图3-1-44

【步骤38】制作广告文字。选择"横排文字工具"输入"动静由我 自在随心 全新升级 为你定制"，设置字体为"隶书"，调整字号，字体颜色为"白色"，使用相同方法制作其他广告文字，如图3-1-45所示。

图3-1-45

【步骤39】打开素材文件"3.1-素材3"置入文件中，按Ctrl+T组合键，进行自由变换调整大小，放置到合适位置，如图3-1-46所示。

图3-1-46

【步骤40】选择"文字工具"输入广告文字"全新体验"，设置字体为"华文琥珀"、颜色为"灰色"，如图3-1-47所示。

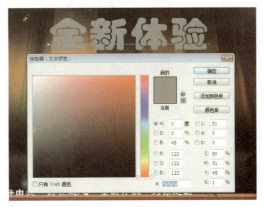

图3-1-47

【步骤41】新建"图层5"，选择"矩形选框工具"，在文件上方框选一个矩形，选择"渐变工具"设置"黑-白"线性渐变，调整渐变条，进行填充，如图3-1-48所示。

图3-1-48

【步骤42】选中"图层5"并右击，在弹出的快捷菜单中选择"创建剪贴蒙版"命令，按Ctrl+D组合键取消选区，最终效果如图3-1-49所示。

图3-1-49

3.1.3　知识拓展

招贴海报所涉及的范围很广，本例汽车广告就包含在其中。凡是商品展览、电影、汽车、旅游等都可以通过海报进行广告宣传。海报按其应用不同，大致可分为商业海报、文化海报、电影海报与公益海报等。

（1）商业海报。商业海报是最常用的海报形式之一，指用于宣传商品、商业服务、旅游等商业性的海报。此类海报的设计要恰当地配合宣传对象的格调与大众口味。

（2）文化海报。文化海报的形式有很多，泛指社会文娱活动及各种文化类展览的宣传海报。在设计该类型的海报时，设计者必须根据此次展览的特点，对活动的内容进行深入了解，才能通过恰当的形式表现其风格。

（3）电影海报。现代的电影海报是文化海报的一个分支，它与戏剧海报相似，主要用于对电影作品进行宣传，吸引观众注意并刺激电影票房收入。

（4）公益海报。公益海报主要是将政府或团体的特定思想，通过海报的形式向公众灌输教育意义，其主题可以是社会公德、行为操守、政治主张、弘扬爱心、无私奉献等积极进取的思想形式。带有一定思想性和教育意义。

课后习题

1. 基础案例习题

S6汽车广告效果如图3-1-50所示，案例素材可在资源包中提取。

图3-1-50

操作步骤如下。

（1）新建文件大小为70cm×50cm，"分辨率"为72像素/英寸，"颜色模式"为"RGB颜色"。

（2）利用"图层蒙版"制作背景及倒影图像。

（3）利用"画笔工具"绘制光源的光照效果，填充车灯颜色等。

（4）利用"调整图层曲线"调整图层色调。

（5）利用"多边形套索工具"制作光束。

（6）利用"椭圆工具"、"钢笔工具"绘制标志，并设置斜面和浮雕、投影等效果。

（7）利用"文字工具"输入文字、设置字体、字号、渐变颜色。

（8）利用"钢笔工具"绘制一段路径，在路径上选择"文字工具"输入文字，并设置字体、字号、颜色。

（9）置入素材，并放置合适位置。

（10）保存文件。

2. 提高案例习题

奥迪汽车广告效果如图3-1-51所示，案例素材可在资源包中提取。

图 3-1-51

核心步骤如下。

（1）利用"移动工具"将素材图片拖拽到背景中放置合适位置。

（2）利用"图层蒙版"制作人物及背景。

（3）利用"调整图层"命令调整图层色调。

3. 设计案例习题

设计"汽车广告"，参考效果如图3-1-52所示。

图 3-1-52

3.2 电影广告设计

电影广告是商业化的产物，随着市场意识越来越明显，营销手段越来越多样化，电影发行越来越国际化，电影广告也不断变化。其存在的主要目的就是为了电影促销，吸引观众走进电影院，其重要的使命是告知，包括电影的主演和导演是谁、整体风格如何、什么时间开始上映等。

战狼2电影广告效果如图3-2-1所示，涉及的素材如图3-2-2所示，案例素材可在资源包中提取。

图3-2-1

ⓐ　　　　　　　　ⓑ

图3-2-2

3.2.1 操作思路

关于电影广告的设计，可以从以下几个方面着手进行分析。

（1）色调：广告的主色调根据电影的主题来决定。

（2）内容：涉及的元素包括场景及人物形象等，构成要素必须化繁为简，尽量挑选重点来表现。

（3）统一：海报的设计造型与色彩必须和谐，要具有统一的协调效果。

（4）均衡：整个画面需要具有魄力感与均衡效果，还需要形式和内容上的创新，具有强大的惊奇效果。

3.2.2 操作步骤

1. 相关知识

电影广告的设计需要掌握以下4个要点。

（1）尺寸。就电影广告涉及的商业海报而言，其标准尺寸有13cm×18cm、19cm×25cm、30cm×42cm、42cm×57cm、50cm×70cm、60cm×90cm、70cm×100cm。非标准的尺寸可能会造成纸张的浪费，所以在设计时需格外注意。

（2）设计规格。设计工作最重要的部分是对客户公司、产品或销售的模式通过设计表达、传递相关信息。只有让受众有清晰的认识，才能达到准确地传递信息的效果。通常分为优、良、普通3个设计规格。

（3）主题。必须将产品特色及目前消费者关注的焦点作为主题，无论海报面积有多大，都可以夸张主题以呈现动态美感，所以在配置主题时应该考虑以下几点。

①使用纸张要精良能够突出效果，色彩不要太复杂。

②使用容易看明白的字体，避免龙飞凤舞，让人看不懂。

③尽量以既定的视觉效果、图案色彩、文体为制作题材。

（4）技法。设计技法的选用对于作品的效果也有举足轻重的作用，大家可以考虑以下几点。

①以诉求产品名称、风格、主题、人物形象等内容为主。

②采用通俗易懂的文字、图案等表现手法。

③响应项目活动，能够与顾客同步重视的感觉，并以激发对产品的共鸣感为主。

2. 核心步骤

（1）利用"图层蒙版"和"剪贴蒙版"融合图像。

（2）利用各种调整图层来调整图像的色彩及明暗效果。

（3）利用"图层样式"和"混合模式"模拟图像的发光效果。

（4）利用多个"图层样式"模拟图层的发光及立体效果。

（5）利用"滤镜"和"混合模式"功能，模拟图像边缘的不规则图像效果。

（6）利用"画笔工具"模拟图像中的明暗图像效果。

【步骤1】启动 Photoshop CC，执行"文件"→"新建"命令，新建一个名称为"战狼2电影广告"的文档，设置"宽度"为60cm、"高度"为90cm、"分辨率"为150像素/英寸、"颜色模式"为"RGB 颜色"，如图3-2-3所示。设置完毕后，单击"确定"按钮得到新建的图像文件。

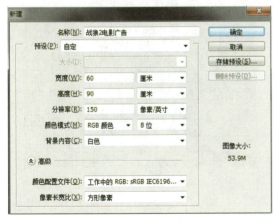

图3-2-3

【步骤2】打开"素材1"，选择"移动工具"将图层"城市1"移动到新建文件中，并调整位置，如图3-2-4所示。

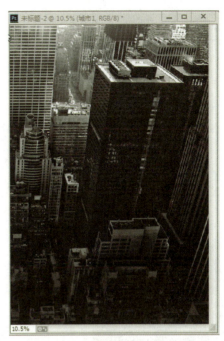

图3-2-4

【步骤3】单击"添加矢量蒙版"按钮给图层添加蒙版，选择"渐变工具"，在选项栏中选择"线性渐变"，在弹出的"渐变编辑器"对话框中设置颜色为"黑、白"，如图3-2-5所示。

扫一扫看操作

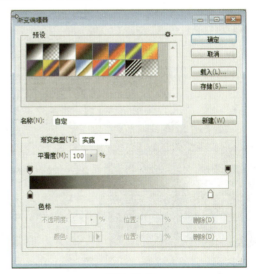

图3-2-5

【步骤4】选择"画笔工具"，设置前景色为黑色，在"画笔"选项栏中设置画笔的参数，如图3-2-6所示。

图3-2-6

【步骤5】使用"画笔工具"在画面的相交处涂抹,效果如图3-2-7所示。

图3-2-7

【步骤6】打开"素材2",选择"移动工具",将其移动到文件中,得到图层"城市2",调整位置,并设置"不透明度"为"9%",如图3-2-8所示。

图3-2-8

【步骤7】在"图层"面板中,选中"城市1"图层并右击,在弹出的快捷菜单中选择"复制图层"命令,得到"城市1拷贝"图层,选中该图层并右击在弹出的快捷菜单中选择"删除图层蒙版"命令,

如图3-2-9所示。

图3-2-9

【步骤8】执行"编辑"→"自由变换"命令,调整图像大小及位置,按Enter键确认,如图3-2-10所示。

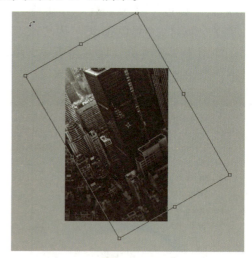

图3-2-10

【步骤9】在"图层"面板中,单击"添加图层蒙版"按钮为图层添加蒙版,选择"画笔工具",设置前景色为黑色、背景色为白色,调整画笔"大小""不透明度""流量",前景色与背景色按X键进行切换,效果如图3-2-11所示。

图3-2-11

【步骤10】打开"素材3",选择"移动工具",将其移动到文件中,设置图层混合模式为"变亮"、"不透明度"为"50%",如图3-2-12所示。

图3-2-12

【步骤11】创建"背景"组。按住Shift键,选中"背景"图层外的所有图层并右击,在弹出的快捷菜单中选择"从图层建立组"命令,修改名称为"背景",如图3-2-13所示。

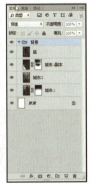

图3-2-13

【步骤12】打开"素材4",选择"移动工具",将其移动到文件中得到图层"韵",在"图层"面板该图层上右击,在弹出的快捷菜单中选择"转换为智能对象"命令,并调整大小及位置如图3-2-14所示。

图3-2-14

【步骤13】打开"素材5",选择"移动工具",将图像移动到文件中,得到"图层1",通过Ctrl+T组合键执行自由变换命令,调整位置及大小,在"图层"面板中单击"添加图层蒙版"按钮,选择"画笔工具",设置前景色为黑色,隐藏图像中的文字及边缘,如图3-2-15所示。

图3-2-15

【步骤14】设置图层混合模式为"线性减淡(添加)",如图3-2-16所示。

图3-2-16

【步骤 15】在该"图层"面板上右击,在弹出的快捷菜单中选择"创建剪贴蒙版"命令,如图 3-2-17 所示。

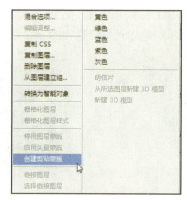

图3-2-17

【步骤 16】在"图层"面板中单击"创建新的填充或调整图层"按钮,选择"曲线"命令,并设置参数,如图 3-2-18 所示。

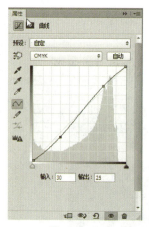

图3-2-18

【步骤 17】为"曲线 1"创建剪贴蒙版,如图 3-2-19 所示。

图3-2-19

【步骤 18】打开"素材 6",选择"移动工具",将图像移动到文件中得到"国旗"图层,通过"自由变换"命令调出变换框,按 Ctrl 键,调整大小及位置。为该图层添加蒙版,利用"画笔工具"调整画面,隐藏不需要的部分,在"图层"面板上右击,在弹出的快捷菜单中选择"创建剪贴蒙版"命令,单击"创建新的填充或调整图层"按钮,选择"色相/饱和度"命令,并设置参数,如图 3-2-20 所示,得到的效果如图 3-2-21 所示。

图3-2-20　　　图3-2-21

【步骤 19】打开"素材 7",将图像移动到文件中,按 Shift+Ctrl+U 组合键去色,添加"图层蒙版",调整图像效果,设置"不透明度"为"50%",如图 3-2-22 所示。

图3-2-22

【步骤 20】设置图层混合模式为"明度",得到的效果如图 3-2-23 所示。

图3-2-23

【步骤21】打开"素材8",将其移动到文件中,添加图层蒙版,设置图层不透明度,调整效果如图3-2-24所示。

图3-2-24

【步骤22】在"图层"面板中单击"新建图层"按钮,得到"图层3",选择"画笔工具"并设置其参数,设置前景色为红色、色号为"e60012"。使用"画笔工具"在图像上画出样式,如图3-2-25所示。

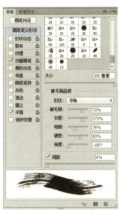 

图3-2-25

【步骤23】在"图层"面板中单击"添加图层样式"按钮,选择"渐变叠加"命令,在弹出的对话框中设置渐变参数,如图3-2-26所示,得到的效果如图3-2-27所示。

 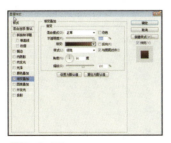

图3-2-26

【步骤24】打开"素材9",将图像移动到文件中得到"字"图层,调整位置及大小,如图3-2-28所示。

扫一扫
看操作

图3-2-27　　　　图3-2-28

【步骤25】选择"横排文字工具",输入"WOLF WARRIOR",字母中间按Enter键换行,设置"字体"和"字号",调整到合适位置,如图3-2-29所示。

图3-2-29

【步骤26】选择"横排文字工具",输入"犯我中华者虽远必诛",选择"移动工具",按Ctrl+A组合键全选,图像周边出现"蚂蚁线",单击"居中"按钮将文字居中,如图3-2-30和图3-2-31所示。

图3-2-30

图3-2-31

【步骤27】使用同样的方法输入其他文字，完成最终效果如图3-2-32所示。

图3-2-32

3.2.3 知识拓展

电影广告设计常用的构图分析如下。

（1）对称。无论是左右对称还是上下对称，无论是在质感方面还是重量方面取得的对称，这种构图都是最常被采用的构图形式之一。

（2）放射。这种构图常用于多人组合型广告，在处理上以中心放射的形式展示各个演员或景物，实际上也可以被看作是另一种形式的对称。

（3）分割。使用分割方式构图，可以将复杂的元素以简单的几何形状相互分离出来，从而简化设计手法。采用这种构图方式制作的广告，更重视广告的全局，而不是仅突出某一个或某两个演员。

课后习题

1. 基础案例习题

电影广告效果如图3-2-33所示。案例素材可在资源包中提取。

图3-2-33

操作步骤如下。

（1）新建文件大小为42cm×60cm，"分辨率"为72像素/英寸，"颜色模式"为RGB颜色。

(2)利用"渐变工具"填充渐变色。
(3)利用"矩形工具"绘制小的矩形。
(4)利用"文字工具"输入文字,设置字体、字号、颜色,并增加描边效果。
(5)利用"钢笔工具""矩形工具"通过钢笔描边路径绘制胶片。
(6)利用"自由变换"中的变形、斜切和缩放命令将素材放置胶片中。
(7)利用"钢笔工具"结合"加深工具""减淡工具""海绵工具"配合制作盘。
(8)利用"钢笔工具""椭圆工具"绘制轮,并增加斜面浮雕和投影效果。
(9)保存文件。

2. 提高案例习题

世界大战电影广告效果如图3-2-34所示,案例素材可在资源包中提取。

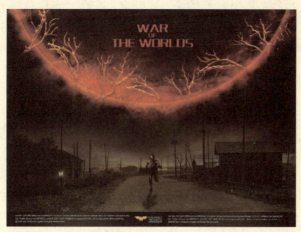

图3-2-34

核心步骤如下。
(1)利用"图层蒙版"和"剪贴蒙版"融合图像。
(2)利用"图层样式"和"混合模式"模拟图像的发光效果。
(3)利用"滤镜"和"混合模式"功能,模拟图像的不规则效果。

3. 设计案例习题

设计"电影广告",参考效果如图3-2-35所示。

图3-2-35

3.3　公益广告设计

公益广告是为社会公众制作发布的，不以营利为目的，它通过某种观念的传达，呼吁关注社会性问题，以合乎社会公益性的准则去规范自己的行为，支持或倡导某种社会事业和社会风尚。

公益广告的传统定义是为公众利益服务的非商业性广告，其与普通广告最大的区别就在于其"非营利性"。

文明出行公益广告效果如图3-3-1所示，涉及的素材如图3-3-2所示，案例素材可在资源包中提取。

扫一扫
看操作

图3-3-1

图3-3-2

3.3.1　操作思路

关于"公益广告"的设计，可以从以下几个方面着手进行分析。

（1）主题元素：让公众感到有趣、好奇、轻松、耐看，从而巧妙地使公众发自内心地接受。

（2）主色调：在案例中主色调选择以简单白色背景为主，干净、简单。运用"小汽车图案"和"红绿灯"等代表性的图形来传达思想，表达主旨。

3.3.2　操作步骤

1. 相关知识

公益广告的设计需要掌握以下4个特点。

（1）公益广告具有公益性。
（2）公益广告具有非营利性。
（3）公益广告具有社会性。
（4）公益广告具有通俗性。

2. 核心步骤

（1）利用"钢笔工具"绘制汽车图形。

（2）利用"文字工具"输入汽车中的文字，并删除汽车以外的文字。

（3）利用"羽化"命令绘制汽车投影效果。

（4）利用"横排文字蒙版工具"输入文字，配合"直接选择工具"调整文字变形。

（5）利用"椭圆工具""圆角矩形工具"绘制红黄绿灯图形。

（6）利用"自定形状工具"绘制形状"右脚"。

【步骤1】启动Photoshop CC，执行"文件"→"新建"命令，新建一个名称为"文明出行公益海报"的文档，设置"宽度"为1754像素、"高度"为2480像素、"分辨率"为150像素/英寸、"颜色模式"为"CMYK颜色"，如图3-3-3所示。设置完毕后，单击"确定"按钮。

图3-3-3

【步骤2】新建"图层1"，选择"渐变工具"，在选项栏中单击"径向渐变"按钮，设置颜色为"白-灰（C：18，M：14，Y：13，K：0）"，如图3-3-4和图3-3-5所示。

图 3-3-4

图3-3-5

【步骤3】新建"图层2",选择"钢笔工具""椭圆选框工具"绘制"汽车",按 Ctrl+Enter 组合键将路径转换为选区,填充白色,右击"取消选择",如图 3-3-6 所示。

图3-3-6

【步骤4】选择"文字工具"输入文字,字体为"微软雅黑"设置每行文字的字号,填充棕色（C：71，M：93，Y：66，K：49），如图 3-3-7 所示。

图3-3-7

【步骤5】选中输入的所有文字图层并单击鼠标右键,在弹出的快捷菜单中选择

"栅格化文字图层"命令,按 Ctrl+E 组合键合并图层,将其放在"图层2"上方。按住 Ctrl 键单击汽车图层的"图层缩览图",并单击鼠标右键,在弹出的快捷菜单中选择"反向"命令或按 Shift+Ctrl+I 组合键,然后选择文字图层,按 Delete 键删除汽车图层之外的字体,如图 3-3-8 所示。

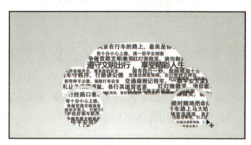

图 3-3-8

【步骤6】新建"图层3",选择"椭圆选框工具"绘制汽车的投影,填充灰色（C：67，M：59，Y：56，K：0），右击在弹出的快捷菜单中选择"羽化"命令或按 Shift+F6 组合键,设置"羽化半径"为 30 像素,再复制两个汽车轮的投影,按 Ctrl+T 组合键缩小至合适大小,并设置不透明度为 70%,如图 3-3-9 所示。

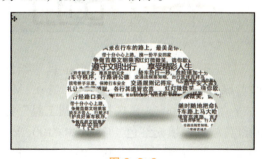

图 3-3-9

【步骤7】新建"图层4",选择"横排文字蒙版工具"输入"文明",设置字号为 200 点,并设置字体为"幼圆",利用"直接选择工具"修改路径文字"文明"。将路径转换为选区,填充红色（C：0，M：100，Y：100，K：0），如图 3-3-10 所示。

图 3-3-10

【步骤8】新建"图层5",重复步骤7的方法,设置字号为100点,输入"出行"更改路径,填充黑色(C:93,M:88,Y:89,K:80),如图3-3-11所示。

图 3-3-11

【步骤9】选择"圆角矩形工具"绘制红黄绿灯的外轮廓,填充黑色(C:0,M:0,Y:0,K:100),再选择"椭圆工具"绘制红黄绿灯,填充红色(C:0,M:100,Y:100,K:0)、黄色(C:0,M:25,Y:85,K:0)、绿色(C:20,M:0,Y:100,K:0),如图3-3-12所示。

【步骤10】选择"文字工具"输入"文明出行 礼让他人""Civilization travel",设置字体为"黑体",字号为28点,填充深紫色(C:65,M:100,Y:70,K:50),字距为-68,如图3-3-13所示。

图 3-3-12

图 3-3-13

【步骤11】打开素材"交警"置入文件中,执行"自由变换"中的缩放和水平翻转命令,如图3-3-14所示。

图 3-3-14

【步骤12】选择"文字工具",在文件下方输入文字,设置字体为黑体、字号分别为33点和14点,填充黑色,如图3-3-15所示。

【步骤13】选择"自定形状工具",在选项栏中单击"形状"下拉按钮,在弹出的列表框中选择"右脚"选项,填充红色(C:0,M:100,Y:100,K:0),最终效果如图3-3-16所示。

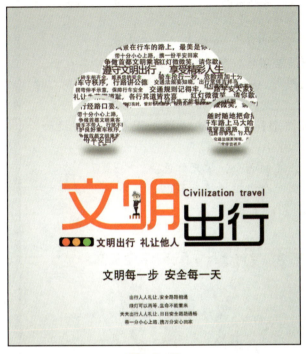

图3-3-15

图3-3-16

3.3.3 知识拓展

公益广告的分类有以下3种。

(1)媒体直接制作发布的公益广告,如电视台、报纸等。

(2)社会专门机构发布的公益广告,如"保护文化遗产""保护珍稀动物"等公益广告,这类公益广告大多与发布者的职能有关。

(3)企业发布制作的公益广告。例如,爱立信发布过"关怀来自沟通"等公益广告。企业不仅做了善事,也确立了自己的社会公益形象。

从广告载体来看,可分为:媒体公益广告,如刊播在电视、报纸上的广告和户外广告;如车站、巴士、路牌上面的公益广告。

从公益广告题材上分,可分为:政治政策类,如迎接建党100周年、学习十九大精神、扶贫等;节日类,如"五一""教师节""植树节"等;社会文明类,如保护环境、节约用水、关心残疾人等;健康类,如反吸烟、全民健身、爱眼等;社会焦点类,如下岗、打假、扫黄打非、反毒、希望工程等。

课后习题

1. 基础案例习题

反腐公益广告效果如图3-3-17所示,案例素材可在资源包中提取。

操作步骤如下。

(1) 新建文件大小为42cm×58cm,"分辨率"为72像素/英寸。

(2) 选择"文字工具"输入文字,设置字体、字号、颜色、不透明度。

(3) 选择"多边形套索工具"绘制图形。输入"腐"并栅格化图层,使用"橡皮擦工具"擦除多余部分。

(4) 选择"钢笔工具"绘制折页图形,填充白色,添加图层样式"投影"效果。

(5) 选择"椭圆工具"绘制圆形,并复制一个,填充红色。

(6) 选择"矩形工具"在最外部绘制一个边框,填充黑色。

(7) 保存文件。

2. 提高案例习题

雅安公益海报效果图如图3-3-18所示,案例素材可在资源包中提取。

图3-3-17

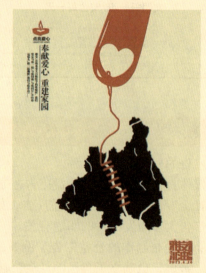
图3-3-18

核心步骤如下。

(1) 利用"钢笔工具"绘制心形别针图形。

(2) 打开素材"雅安"填充黑色,利用"橡皮擦工具"在雅安地图上擦除中间部分。

(3) 利用"钢笔工具"绘制"点亮爱心"图形。

(4) 利用"文字工具"输入文字。

(5) 利用"矩形工具"绘制竖线条。

(6) 利用"画笔工具"绘制别针和雅安地图的连接线。

3. 设计案例习题

设计"公益广告",参考效果如图3-3-19所示。

图3-3-19

3.4 旅游宣传广告设计

旅游宣传广告是一种形象设计广告,重点在于使用一种意境来突出当地旅游特色和人文环境等。旅游广告是指旅游部门或旅游企业通过一定形式的媒介,公开而广泛地向旅游者介绍旅游产品、提升品牌形象的一种宣传活动。它能广泛地宣传和推广旅游产品,有效地推动旅游产品的销售,从而利于旅游企业获得经济利益及品牌价值。

魅力上海广告效果如图3-4-1所示,涉及的素材如图3-4-2所示,案例素材可在资源包中提取。

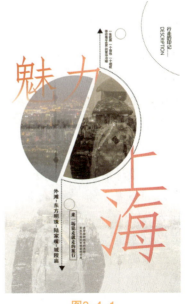

图3-4-1

图3-4-2

3.4.1 操作思路

关于"魅力上海"的设计,可以从以下几个方面着手进行分析。

(1)主题元素:旅游广告要求设计师掌握广告宣传的特点与方法,并紧密结合旅游产品的特点和特性,通过有形的视觉效果或劝服性的宣传途径以迎合旅游者的消费行为与消费心理为目的,有效地把旅游产品推荐出去。

(2)主色调:在案例中选择以冷色系为主,给人一种优雅、安静、坚实、开阔的感觉。运用圆形形状及上海"东方明珠"图片为背景突出主题,引导视觉中心,切割图形使画面更加生动。

3.4.2 操作步骤

1. 相关知识

旅游广告设计需要掌握以下3个要点。

(1)通常使用一幅比较符合当地特色的图片作为背景。

(2)文字简洁,但要有重点,可以适当添加一些旅游宣传口号。

(3)设计上要简洁大方,色调要符合当地特色。

2. 核心步骤

(1)利用"椭圆工具"绘制图形,置入素材,创建"剪切蒙版"。

(2)利用"去色"调整图像颜色。

(3)利用"椭圆工具"、"直线工具"等调整"描边选项"绘制装饰图形。

(4)利用"文字工具"调整"混合选项"制作渐变效果的标题文字。最后添加其他文本内容。

【步骤1】启动PhotoshopCC,执行"文件"→"新建"命令,新建一个名称为"魅力上海"的文档。设置"宽度"为1000像素、"高度"为1467像素、"分辨率"为300像素/英寸、"颜色模式为"CMYK,如图3-4-3所示。设置完毕后,单击"确定"按钮得到新建的图像文件。

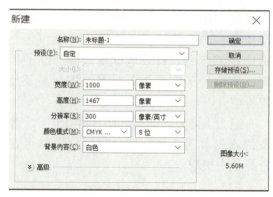

图3-4-3

【步骤2】新建"图层1",选择"椭圆工具",设置为"像素",如图3-4-4所示。按键盘上的shift键,绘制正圆,结合"矩形选框工具",将圆形平分为两个半圆,新建"图层2",并将其中一个半圆置入新图层中。如图3-4-5所示。

图3-4-4

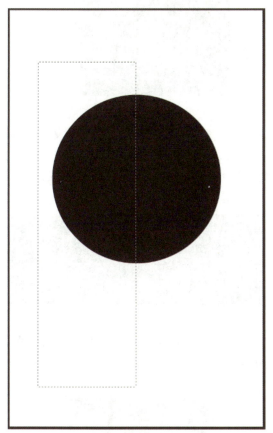

图3-4-5

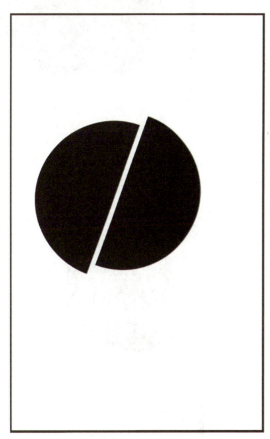

图3-4-6

【步骤3】利用"自由变换工具"或按"Ctrl+T"将圆形调整到合适的位置,如图3-4-6所示。

【步骤4】打开素材"上海风景",选择"移动工具"将其移动到文件中,命名为"图层3"。将素材调整到合适位置后,复制一份,快捷键为"Ctrl+J",将素材图层与两个半圆的图层交叉放置,素材图在上方,图形在下方。如图3-4-7所示。

图3-4-7

【步骤5】选中"图层3",执行"图层"→"创建剪切蒙版"或快捷键 Alt+Ctrl+G 命令,如图 3-4-8 所示。

图3-4-8

【步骤6】选中"图层3",执行"图像"→"调整"→"去色"或快捷键 Shift+Ctrl+U 命令,如图 3-4-9 所示。

【步骤7】选择椭圆工具,设置为"形状",去掉填充颜色,描边选项选择第三种,如图 3-4-10 所示。在适当的位置绘制装饰线。

图3-4-9

图3-4-10

【步骤8】添加图层蒙版覆盖左边线条,如图 3-4-11 所示。

图3-4-11

【步骤9】利用相同的方法,绘制其他装饰线条,如图3-4-12所示。

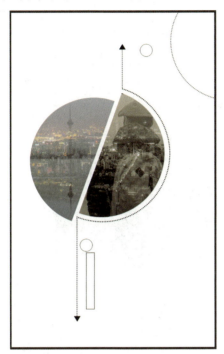

图3-4-12

【步骤10】选择"直排文字工具",输入文字,设置字体为"黑体",摆放位置如图3-4-13所示。

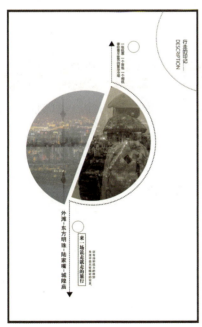

图3-4-13

【步骤11】选择"横排文字工具",分别输入"魅力"、"上海",设置字体为"仿宋",字号为80点,106点。如图3-4-14所示。

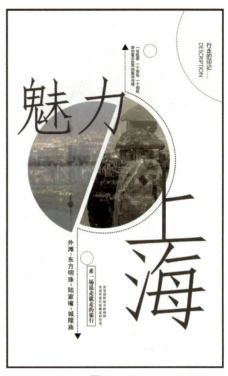

图3-4-14

【步骤12】添加图层蒙版,将右边半圆部分的文字进行隐藏遮挡。为文字"魅力"和"上海"分别添加图层样式,设置渐变叠加,颜色(C:0, M:61, Y:43, K:0),(C:10, M:100,Y:100,K:0),如图3-4-15,图3-4-16所示。

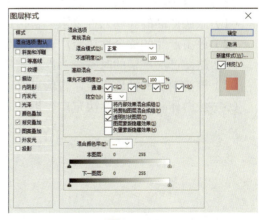

图3-4-15

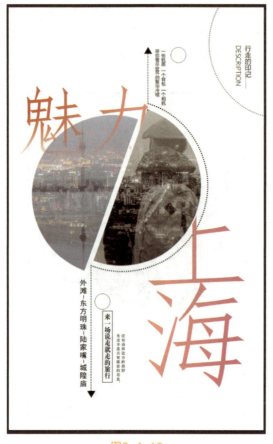

图3-4-16

【步骤13】将素材图片"上海风景"再次移动到画布中,移动到画面最下方,设置图层的不透明度为15%,最终效果如图3-4-17所示。

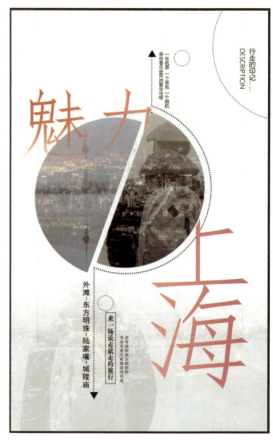

图3-4-17

3.4.3 知识拓展

旅游广告具有一般商业广告的各种特点,如有偿性、时效性、目的性、指向性与形式多样、内容广泛等特点。旅游广告还具有以下别于一般商业广告的其他特点。

(1)旅游产品的高卷入性要求广告传播的高互动性。
(2)旅游产品的综合性决定广告信息高度的立体化。
(3)旅游产品产销的时空统一性决定广告表现形式的多元化。
(4)旅游消费的性质决定广告信息鲜明的个性化。
(5)旅游体验的异地性决定广告诉求丰富的多面性。

课后习题

1. 基础案例习题

夏令营旅游宣传广告效果如图 3-4-18 所示，案例素材可在资源包中提取。

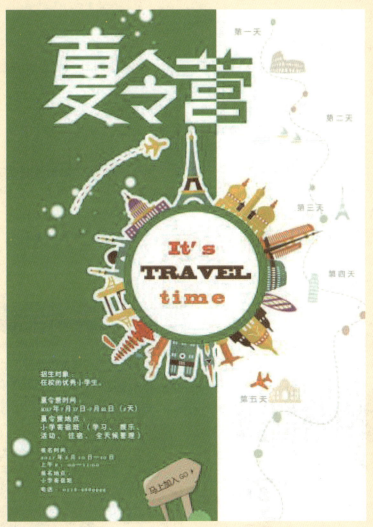

图3-4-18

操作步骤如下。

（1）新建文件大小为A4纸张，设置"分辨率"为300像素/英寸、"颜色模式"为"CMYK 颜色"。

（2）选择"矩形选框工具"绘制左、右边矩形，填充颜色。

（3）利用"钢笔工具""画笔工具"结合"文字工具"绘制下方"马上加入"的指示牌及图片右边的旅游路线图。

（4）利用"画笔"面板中的形状动态等参数绘制白色随机小圆点。

（5）利用"矩形选框工具""椭圆选框工具"结合素材制作画面中央的圆形建筑群。

（6）利用"横排文字蒙版工具"结合"矩形选框工具"制作"夏令营"3个字的绿白相间效果。

（7）保存文件。

2. 提高案例习题

云南旅游宣传广告效果如图3-4-19所示，案例素材可在资源包中提取。

核心步骤如下。

（1）利用"剪贴蒙版"命令，制作图片上方石林的水墨框的效果。

（2）利用"自定形状工具"绘制菱形图案，把图案放置在文字前面，使其与文字对齐。

（3）利用"自定形状工具"绘制"电话"图案。选择"矩形选框工具"绘制矩形，将填充颜色更改为"无颜色"，将描边颜色更改为"深红色"，描边像素设置为3像素，描边线形设置为虚线。

（4）利用"文字工具"输入文字。

3. 设计案例习题

设计"踏青出游"，参考效果如图3-4-20所示。

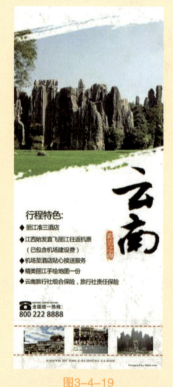

图3-4-19

图3-4-20

3.5 超市广告设计

超市框媒广告的主体是由文字和图片组成的，张贴在超市的内部墙壁及悬挂在货架上方等位置，以达到醒目宣传产品的目的。

超市广告效果如图 3-5-1 所示，涉及的素材如图 3-5-2 所示，案例素材可在资源包中提取。

图3-5-1

图3-5-2

3.5.1 操作思路

关于超市广告的设计，可以从以下几个方面着手进行分析。

（1）主题元素：根据不同的位置，主要分为手扶梯广告、框媒广告、寄存包箱广告、手推车广告等。本节案例主要针对框媒广告。

（2）主色调：在案例中主色调选择以白色为主，绿色为辅，达到招贴广告引人注意的目的。选择线条组合分割图像，使画面给人以强烈的视觉冲击。

3.5.2 操作步骤

1. 相关知识

超市广告设计需要掌握以下 3 个要点。

（1）简洁性：超市招贴广告的文字经多层次思维，高度概括并提炼出来。

（2）准确性：超市招贴广告将信息快速并准确地传达给消费者。

（3）创意性：超市招贴广告创作的独特与新鲜刺激都会更具吸引力。

2. 核心步骤

（1）利用"多边形套索工具"绘制梯形并填充颜色，置入素材，执行"创建剪贴蒙版"命令。

（2）利用"圆角矩形工具"绘制矩形图形，并填充颜色。

（3）利用"文字工具"输入文字。

（4）利用"对齐"按钮将形状对齐。

（5）利用"钢笔工具""自定形状工具"绘制小图标，并填充颜色。

【步骤1】启动 Photoshop CC，执行"文件"→"新建"命令，新建一个名为"超市框媒广告"的文档，设置"宽度"为 235cm、"高度"为 156cm、"分辨率"为 72 像素/英寸、"颜色模式"为"CMYK颜色"，如图 3-5-3 所示。设置完毕后，单击"确定"按钮得到新建的图像文件。

扫一扫
看操作

图3-5-3

【步骤2】选择"多边形套索工具"，绘制3个梯形并填充绿色，如图3-5-4所示。

图3-5-4

【步骤3】打开素材"蔬菜1""蔬菜2""蔬菜3"并置入到文件中，调整合适位置。使"蔬菜"图层在"绘制图形"的上方，在图层上右击，从弹出的快捷菜单中选择"创建剪贴蒙版"命令，效果如图3-5-5和图3-5-6所示。

图3-5-5

图3-5-6

【步骤4】选择"钢笔工具"，绘制右下方的三角形，并填充渐变色，如图3-5-7所示。

图3-5-7

【步骤5】选择"自定形状工具"和"椭圆工具"绘制锯齿图形，并填充绿色，如图3-5-8所示。

图3-5-8

【步骤6】将"锯齿图形"添加图层样式"投影"效果，如图3-5-9所示。

图3-5-9

【步骤7】选择"文字工具"输入文字，并添加图层样式"描边""颜色叠加""外发光""光泽"效果，如图3-5-10所示。

图3-5-10

【步骤8】选择"圆角矩形工具",设置"半径"为25像素,将前景色设置为绿色,如图3-5-11所示。

图3-5-11

【步骤9】选择"钢笔工具""自定形状工具"绘制小图标,并填充颜色。利用"文字工具"输入文字,设置字体、字号和颜色,如图3-5-12所示。

图3-5-12

【步骤10】选择"文字工具"输入文字和段落文字,设置"字符"的"字体""字号""颜色""行间距"。利用"钢笔工具"绘制线形梯形,并填充黑色。打开素材"购物车",将其移动到文件中,调整合适位置,如图3-5-13所示。

扫一扫
看操作

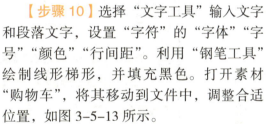

图3-5-13

【步骤11】选择"自定形状工具"绘制五角星,按住 Alt 键复制多个,并对每个五角星填充颜色,调整合适位置,如图3-5-14 和图 3-5-15 所示。

图3-5-14

图3-5-15

【步骤12】选择"钢笔工具",绘制最下方的线形梯形,选择"渐变工具"填充渐变颜色,如图3-5-16所示。

图3-5-16

【步骤13】最终效果如图3-5-17所示。

图3-5-17

3.5.3 知识拓展

招贴广告的功能如下。

（1）传播信息。传播信息是招贴最基本、最重要的功能，使消费者和生产者都可以节约时间，高速及时解决各种需求问题。

（2）利于竞争。招贴作为广告宣传的一种有效媒体，可以用来树立企业的良好形象，提高产品知名度，开拓市场，促进销售，利于竞争。

（3）刺激需求。消费者在某些需求方面是处于潜在状态之中的，招贴作为刺激潜在需求的有力武器，其作用不可忽视。

（4）审美作用。招贴作为一种"说服"的形式，决不能以某种强制性的理性说教来对待读者，而应首先使读者感到愉悦，继而让读者经诱导而接受招贴宣传的意向。

课后习题

1. 基础案例习题

好日子生鲜超市广告效果如图3-5-18所示，案例素材可在资源包中提取。

图3-5-18

操作步骤如下。

（1）新建文件大小为310cm×250cm，设置"分辨率"为40像素/英寸、"颜色模式"为"CMYK 颜色"。

（2）打开素材"蔬菜""背景图案""文字"。选择"移动工具"将素材移动到文件中，调整合适位置。

（3）选择"钢笔工具"绘制左上角的三角形和水滴图形，分别填充绿色和白色。利用"矩形工具"绘制矩形图形，并设置"前景色"为所需对应图形的颜色。

（4）选择"圆角矩形工具"绘制图形，设置选项栏中的"类型"为"像素"、"圆角半径"为20像素，前景色为绿色。使用同样的方法绘制其他颜色的图形，并排列整齐。

（5）选择"文字工具"输入文字，设置字体、字号和颜色，调整合适位置。

（6）利用"矩形工具"绘制右侧矩形多个，并执行"创建剪贴蒙版"命令，调整至合适位置。

（7）保存文件。

2. 提高案例习题

秋冬大促户外广告效果如图3-5-19所示，案例素材可在资源包中提取。

图3-5-19

核心步骤如下。

（1）打开素材文件拖动到文件中，并调整到合适位置。

（2）利用"文字工具"输入文字，并设置字体、字号和颜色。

（3）利用"矩形工具"绘制图形，并设置其属性。

（4）利用"钢笔工具"绘制黄色卷条。

（5）利用"文字工具"输入"秋冬大促"并添加描边效果，结合"套索工具"绘制字的底部，使文字图形结合在一起。

（6）利用"自定义形状工具"绘制最下面的小图标，并添加颜色叠加效果。

3. 设计案例习题

设计"户外广告"，参考效果如图3-5-20所示。

图3-5-20

第 4 章

画册和菜谱设计与制作

■ 企业宣传画册设计
■ 菜谱设计
■ 书籍设计

课堂学习目标

知识目标:
色彩知识及应用

技能目标:
1. 企业宣传画册的制作方法
2. 菜谱设计的制作方法
3. 书籍设计的制作方法

素质目标:
1. 项目的执行能力
2. 团队的沟通协作能力

画册是企业对外宣传自身文化、产品特点的广告媒介之一，属于印刷品。内容包括产品的外形、尺寸、材质、型号的概况等，或者是企业的发展、管理、决策、生产等一系列概况。

平面设计师依据客户的企业文化，市场推广策略合理安排印刷品画面的三大构成关系和画面元素的视觉关系使其达到企业品牌和产品广而告之的目的。

4.1　企业宣传画册设计

企业宣传画册一般以纸质材料为直接载体，以企业文化、企业产品为传播内容。一本好的宣传画册包括环衬、扉页、前言、目录、内页等，还包括封面封底的设计。

企业宣传画册效果如图4-1-1所示，涉及的素材如图4-1-2所示，案例素材可在资源包中提取。

图 4-1-1

图 4-1-2

4.1.1 操作思路

关于"企业宣传画册"的设计，可以从以下几个方面着手进行分析。

（1）主题元素：从细节入手，采用目前流行样式，突出公司企业文化和技术实力。

（2）主色调：以白色、深蓝为主色调，橙色为辅色。干净、简单、吸引，力求塑造国际大企业形象。

4.1.2 操作步骤

1. 相关知识

（1）宣传画册设计要站在品牌建设的高度。

（2）宣传画册是企业用以支持形象的先头军，必须要设计出品牌的个性来。

（3）宣传画册设计要有高瞻远瞩的目光。

企业宣传画册设计需要掌握以下5个要点。

（1）主题元素：从细节入手，采用目前流行颜色样式，突出公司企业文化和技术实力。

（2）表现手法：以图片为主，辅以文字说明。着重细节刻画，力求特点鲜明。

（3）文字说明：要简洁准确、表达全面到位、适当增加美感。

（4）内容：以企业理念和服务宗旨为面，科研、设计、服务为线，设计成果为全面介绍公司的设计实力和服务态度，公司规模、荣誉、设备、厂房等。

（5）设计思维：安全、专业、科技、环保、简洁、品质保证。

2. 核心步骤

（1）利用"多边形套索工具""钢笔工具"绘制图形，并对其填充颜色。

（2）利用"文字工具"将文字排版。

（3）置入素材，执行"创建剪贴蒙版"命令。

扫一扫
看操作

【步骤1】启动 Photoshop CC，执行"文件"→"新建"命令，新建一个名称为"企业宣传画册"的文档，设置"宽度"为42cm、"高度"为29.7cm、"分辨率"为150像素/英寸、"颜色模式"为"CMYK颜色"，如图4-1-3所示。设置完毕后，单击"确定"按钮得到新建的图像文件。

图 4-1-3

【步骤2】选择"钢笔工具"，在画布上单击依次绘制锚点，最后封闭路径。按 Ctrl+Enter 组合键，将路径转换为选区，如图4-1-4所示。

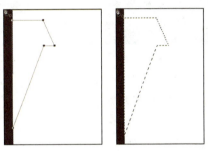

图 4-1-4

【步骤3】单击前景色，设置颜色为（C: 10，M: 67，Y: 93，K: 0）。在"图层"面板中单击"新建图层"按钮或按 Ctrl+Shift+N 组合键，如图4-1-5所示。

图 4-1-5

【步骤4】执行"编辑"→"填充"→"前景色"命令或按 Alt+Delete 填充颜色，Ctrl+D 组合键取消选区，效果如图4-1-6所示。

图4-1-6

扫一扫
看操作（1）

扫一扫
看操作（2）

扫一扫
看操作（3）

【步骤5】使用以上相同方法，选择"多边形套索工具"在画布上绘制其他图形，并填充相应颜色，如图4-1-7所示。

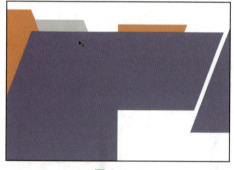

图4-1-7

【步骤6】打开素材"封面科技"，使用"移动工具"将其拖到目标文件中，并放置到合适的位置，执行"创建剪贴蒙版"命令，如图4-1-8所示。

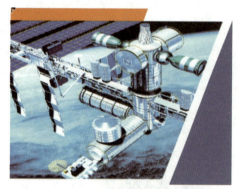

图4-1-8

【步骤7】选择"文字工具"，在画布中输入相应的文本，设置字体、字号、颜色，并放置到合适的位置。最终效果如图4-1-9所示。

图4-1-9

【步骤8】按照上面的方法，在画布中编辑其他页面的图案及文字内容。

4.1.3 知识拓展

企业宣传画册重点在于宣传，设计的好坏与否直接关系到宣传画册的传播效果。在设计画册时应注意以下问题：首先确定企业画册的设计主题，企业要制作画册是为了企业的宣传对外拓展市场的目的，因此，设计者在设计时，一定要把握好主题，并与企业负责人准确沟通，把握好基调。然后设定方案，在制作方案时，一定要注意的是，不能过分追求方案的标新立异，让读者将更多的目光放在设计创意上，反而忽视了对企业的关注。任何方案都要围绕企业宣传来做。最后，设计方案一定要主次分明，企业宣传画册忌讳平铺直叙，没有重点。如果做成流水账，就会让读者一点印象也没有。

总体来说，除了要具备基本的平面设计知识外，最重要的是对企业有足够的了解，有足够的细心和创意的思想。

课后习题

1. 基础案例习题

"企业宣传画册1"效果如图4-1-10所示,案例素材可在资源包中提取。

图4-1-10

操作步骤如下。

(1)新建文件大小为42cm×29.7cm,"分辨率"为300像素/英寸,"颜色模式"为"CMYK颜色"。

(2)在工具箱中选择"钢笔工具"或按P键,在画布中依次单击绘制路径,使用Ctrl+Enter组合键,将路径转换为选区。

(3)新建图层,将前景色设置为蓝色,执行"编辑"→"填充"→"前景色"命令。

(4)选择"文字工具"输入公司宣传文案并设置字体、字号、字距、行距等。

(5)依照上面的方法,绘制其他图形并填充相应的颜色,输入文本。

(6)其他内容页的制作方法同上。

(7)保存文件。

2. 提高案例习题

"企业宣传画册2"效果如图4-1-11所示，案例素材可在资源包中提取。

图 4-1-11

核心步骤如下。

（1）宣传画册封皮、封底操作步骤如下。

①新建文件，新建标尺辅助线，背景填充纸色。

②将"笔刷"素材置入文件中，输入文字。

③置入"水墨画"素材，输入标题文字和内容。

（2）内页操作步骤如下。

①新建文件，新建标尺辅助线，背景填充纸色。

②置入素材图片，调整图片的颜色，利用"剪切蒙版"将图片置入到"笔刷"素材中。

③在相应位置调整好段落文字。

3. 设计案例习题

设计"企业宣传册3",效果如图4-1-12所示。

图 4-1-12

4.2 菜谱设计

菜谱是认识酒店的窗口,是宣传菜式的媒介,是饮食文化的载体,是品位档次的象征,是增加餐饮企业利润的法宝。菜谱具有实用性、文化性、可视性、独特性等。菜谱是实用性和艺术性的结合、多样性和统一性的结合、现代艺术和传统文化的结合。

中式菜谱设计效果如图4-2-1所示,涉及的素材如图4-2-2所示,案例素材可在资源包中提取。

图 4-2-1

图 4-2-2

4.2.1 操作思路

关于菜谱的设计，可以从以下几个方面着手进行分析。

（1）主题元素：确立目标市场，了解客人的需要，根据食客口味、喜好等习惯而设计菜谱。了解饭店内部人力、物力、财力情况，量力而行，对自己的技术、市场供应等情况做到心中有数。

（2）主色调：色彩以绿色和黑色为主，绿色体现健康美食的概念，黑色增加时尚感，排版整齐，简洁大方。

4.2.2 操作步骤

1. 相关知识

菜谱设计需要掌握以下 6 个要点。

（1）菜谱上要注明餐厅的名称、营业时间、特色菜品、加收费用、支付方式、联系方式和具体的地理位置等。

（2）菜谱设计要体现餐厅的风格。

（3）菜谱设计要装帧精美、雅致动人、色调得体、洁净大方。

（4）菜谱的设计要体现出餐厅服务的标准和餐饮成本的高低。

（5）菜谱要成为信息反馈的渠道。

（6）菜谱有普通尺寸 420mm×310mm 或 420mm×320mm，小尺寸 260mm×320mm 或 360mm×310mm。

2. 核心步骤

（1）菜单目录。

①利用"文字工具"输入文字，利用"对齐"命令将文字对齐。

②利用"钢笔工具"绘制酒瓶形状，填充颜色。

③利用"矩形工具"绘制矩形。

（2）菜单详情页。

①置入素材，利用"对齐"命令将素材图片对齐。

②利用"钢笔工具"在菜单内页 1 图的左上角绘制不规则图形，填充颜色。

③利用"文字工具"输入文字，使文字大小、上下不一。

④利用"矩形工具"绘制直线和"菜单内页2"图上的方格，并填充颜色。

（3）菜单封皮。

①利用"画笔工具"绘制中国风的边角。

②利用"竖排文字工具"输入文字。

③置入素材。

【步骤1】制作菜单目录。启动Photoshop CC，执行"文件"→"新建"命令，新建一个名称为"菜单目录"的文档，设置"宽度"为26厘米、"高度"为32厘米、"分辨率"为200像素/英寸、"颜色模式"为"CMYK颜色"，如图4-2-3所示。设置完毕后，单击"确定"按钮得到新建的图像文件。

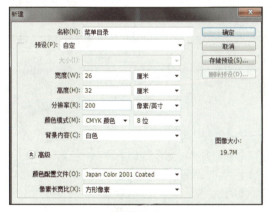

图4-2-3

【步骤2】将背景图层填充为黑色，如图4-2-4所示。

图4-2-4

【步骤3】新建图层，选择"钢笔工具"绘制酒瓶形状，将路径转换为选区，填充为灰色（C：35，M：29，Y：27，K：0），复制并移动，填充为白色，如图4-2-5所示。

【步骤4】置入素材"酒杯"并单击鼠标右键，在弹出的快捷菜单中选择"创建剪贴蒙版"命令，如图4-2-6所示。

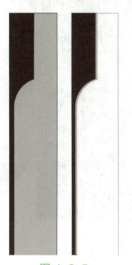

图4-2-5　　　　图4-2-6

【步骤5】新建图层，选择"矩形工具"绘制矩形，设置前景色（C：0，M：61，Y：92，K：0），如图4-2-7所示。

图4-2-7

【步骤6】选择"文字工具"输入段落文字，设置字体颜色为白色，创建组并命名为"文字"，如图4-2-8所示。

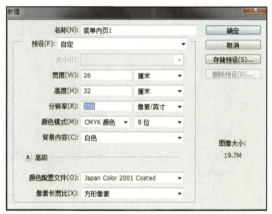

32厘米、"分辨率"为200像素/英寸、"颜色模式"为"CMYK颜色",如图4-2-10所示。设置完毕后,单击"确定"按钮得到新建的图像文件。

图4-2-10

【步骤9】新建图层,填充为浅绿色(C:13,M:0,Y:31,K:0),如图4-2-11所示。

图4-2-8

【步骤7】设置段落文字"字符"→"行间距",完成最终效果如图4-2-9所示。

图4-2-9

【步骤8】制作菜单内页1。启动Photoshop CC,执行"文件"→"新建"命令,新建一个名称为"菜单内页1"的文档,设置"宽度"为26厘米、"高度"为

图4-2-11

【步骤10】选择"直线工具"绘制直线,颜色设置为红色(C:0,M:100,Y:50,K:60),直线"粗细"设置为10像素,如图4-2-12和图4-2-13所示。

图4-2-12

图4-2-13

【步骤11】选择"文字工具"输入数字和字母,设置字体颜色为红色(C: 0, M: 100, Y: 50, K: 60)和黑色,如图4-2-14所示。

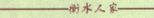

图4-2-14

【步骤12】使用步骤11的方法,在文件上方绘制直线,并输入文字,如图4-2-15所示。

图4-2-15

【步骤13】选择"钢笔工具"绘制两个不规则图形,并将路径转换为选区,分别填充黑色和红色(C: 0, M: 100, Y: 50, K: 60),如图4-2-16所示。

图4-2-16

【步骤14】选择"文字工具"输入"热""菜系列""recai",设置字体、字号和颜色,如图4-2-17所示。

图4-2-17

【步骤15】选择"文字工具"输入文字和段落文字,设置字体、字号、颜色和行间距。创建组并命名为"价格",如图4-2-18所示。

图4-2-18

【步骤16】选择"直线工具"绘制段落文字下方的直线,设置前景色为红色(C: 0, M: 100, Y: 50, K: 60)。直线"粗细"设置为1像素,如图4-2-19和图4-2-20所示。

图4-2-19

香煎黄花鱼	68.00¥
柠香龙雪鱼	58.00¥
柠香龙利鱼柳	48.00¥
豉香煎鲳鱼	48.00¥

图4-2-20

【步骤17】置入素材"菜谱2",调整到合适位置,如图4-2-21所示。

图4-2-21

【步骤18】选择"文字工具"输入文字,得到文字大小、上下不一的效果。并设置字体参数,如图4-2-22所示。

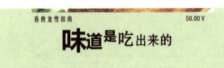

图4-2-22

【步骤19】选择"矩形工具"绘制文字中的矩形,设置前景色为黄色(C:12,M:26,Y:91,K:0)。再选择"文字工具"输入英文,并设置字体参数,如图4-2-23所示。

图4-2-23

【步骤20】置入素材"菜谱4""菜谱7""菜谱8",调整到合适位置,如图4-2-24所示。

图4-2-24

【步骤21】完成最终效果如图4-2-25所示。

图4-2-25

【步骤22】制作菜单内页2。启动Photoshop CC,执行"文件"→"新建"命令,新建一个名称为"菜单内页2"的文档,设置"宽度"为26厘米、"高度"为32厘米、"分辨率"为200像素/英寸、"颜色模式"为"CMYK颜色",如图4-2-26所示。设置完毕后,单击"确定"按钮得到新建的图像文件。

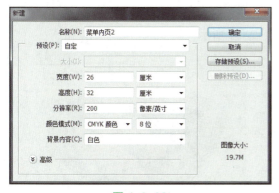

图 4-2-26

【步骤 23】新建图层，填充为浅绿色（C：13，M：0，Y：31，K：0），如图 4-2-27 所示。

图 4-2-27

【步骤 24】选择"直线工具"绘制直线，填充为红色（C：0，M：100，Y：50，K：60），直线"粗细"设置为 10 像素，选择"文字工具"输入文字，设置字体、字号和颜色（C：0，M：100，Y：50，K：60），如图 4-2-28 所示。

图 4-2-28

【步骤 25】置入素材"菜谱 5""菜谱 9""菜谱 10"，并命名为"素材"，如图 4-2-29 所示。

图 4-2-29

【步骤 26】选择"文字工具"输入文字，设置字体、字号和颜色（C：93，M：88，Y：89，K：80），创建组并命名为"价格"，如图 4-2-30 所示。

图 4-2-30

扫一扫
看操作

【步骤27】新建图层，选择"矩形工具"绘制矩形，设置前景色分别为绿色（C：75，M：26，Y：100，K：0）、黄色（C：0，M：20，Y：100，K：0）、红色（C：0，M：96，Y：95，K：0）、蓝色（C：92，M：75，Y：0，K：0）、橙色（C：0，M：69，Y：92，K：0），如图4-2-31所示。

图 4-2-31

【步骤28】选择"文字工具"输入文字，设置字体、字号和颜色（C：93，M：

88，Y：89，K：80），完成最终效果如图4-2-32所示。

图 4-2-32

【步骤29】制作菜单封面。启动Photoshop CC，执行"文件"→"新建"命令，新建一个名称为"菜单封皮"的文档，设置"宽度"为26厘米、"高度"为32厘米、"分辨率"为200像素/英寸、"颜色模式"为"CMYK颜色"，如图4-2-33所示。设置完毕后，单击"确定"按钮。

图 4-2-33

【步骤30】新建图层，选择"画笔工具"绘制中式边框，设置前景色为红色（C：0，M：96，Y：83，K：0），并复制其余3个边框。创建组并命名为"边框"，如图4-2-34所示。

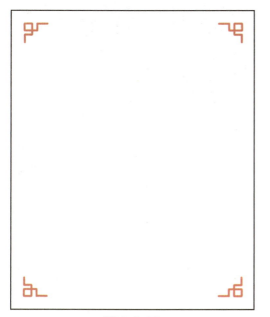

图 4-2-34

【步骤 31】选择"文字工具"输入文字,设置字体、字号和颜色(C:93,M:88,Y:89,K:80),如图 4-2-35 所示。

图 4-2-35

【步骤 32】置入素材"菜谱 2""菜谱""菜谱 4",调整到合适位置,创建组并命名为"素材",如图 4-2-36 所示。

图 4-2-36

【步骤 33】选择"文字工具"输入文字,设置字体、字号和颜色(C:93,M:88,Y:89,K:80),完成后最终效果如图 4-2-37 所示。

图 4-2-37

4.2.3 知识拓展

菜单有两大类:一类是通用性菜单,另一类是专用性菜单。这两大类菜单又各自包含着许多内容。通用性菜单一般指零餐点菜菜单,是大众化的、综合性的菜单,只能满足客人用餐的一般性需要。而专用性菜单的用途和形式很多,如特别推荐菜单、宴席订餐菜单、套餐点菜菜单、宣传性菜单等。菜单的多元化可以造就一个浓厚的商业氛围,并且不同的菜单可以满足客人不同的需求。

制作菜单时应注意的事项有以下 4 点。

(1)必须突出招牌菜的地位。

(2)菜名既要做到艺术化,又要做到通俗易懂。

(3)注意例份、大份、小份的标注。

(4)菜单上的菜品一般为 80~100 道(包括小吃、凉菜),太多了反而不利于客人点菜,不利于厨师的加工制作。如果是快餐厅,菜单上的菜品还应大大减少。因为快餐是在卖时间,品种复杂了肯定是快不起来的。

▶ 课后习题

1. 基础案例习题

寻味中国菜单设计效果如图4-2-38所示，案例素材可在资源包中提取。

图4-2-38

操作步骤如下。

（1）封面。

①新建文件大小为19cm×26cm，设置"分辨率"为300像素/英寸、"颜色模式"为"CMYK颜色"。

②制作封面，选择"文字工具"输入"寻味中国"，置入素材"水墨03"，右击选择"创建剪贴蒙版"命令。

③新建图层，置入图片素材，"创建剪贴蒙版"，增加图层蒙版，使用"画笔工具"擦除多余部分。

④选择"文字工具"输入文字，设置字体、字号和颜色。

（2）扉页。

①制作扉页，置入素材，设置不透明度。

②选择"文字工具"输入文字，设置字体、字号和颜色。

（3）前言。选择"文字工具"输入文字，设置字体、字号和颜色。

（4）目录。

①选择"矩形工具"绘制线形。

②选择"竖排文字工具"输入文字，设置字体、字号和颜色。

（5）内页。

①制作菜单内页，置入素材，选择"矩形工具"绘制线条和素材下方的矩形。

②选择"竖排文字工具"输入文字，设置字体、字号和颜色。

③置入素材，保存文件。

2. 提高案例习题

火锅菜谱设计如图 4-2-39 所示，案例素材可在资源包中提取。

图 4-2-39

核心步骤如下。

（1）利用"钢笔工具"绘制火焰图形并填充颜色，增加投影。

（2）利用"文字工具"输入文字，设置不透明度，添加图层蒙版，选择"画笔工具"设置前景色与背景色为"黑白"，擦除多余部分。

（3）置入素材，增加投影。

（4）利用"矩形工具"绘制矩形和线条。

（5）利用"竖排文字工具"输入文字，设置字体、字号和颜色。

3. 设计案例习题

设计菜单单页，参考效果如图 4-2-40 所示。

图 4-2-40

4.3 书籍设计

书是打开知识大门的钥匙，书的好坏不只表现在内容上，封面设计的好坏也是很重要的。书籍是文字和图形的一种载体，书籍的装帧和封面的设计在一本书的整体设计中具有举足轻重的地位。封面是一本书的脸面，好的封面设计不仅能吸引读者，而且还能提升书籍的档次，封面设计一般包括书名、编者姓名、出版社名及书的内容、性质、体裁、色彩和构图等。

Auto CAD 书籍设计效果如图 4-3-1 所示，涉及的素材如图 4-3-2 所示，案例素材可在资源包中提取。

图 4-3-1

图4-3-2

4.3.1 操作思路

关于"Auto CAD 书籍"的设计，可以从以下几个方面着手进行分析。

（1）主题元素：图形、色彩、文字和构图是封面设计的四大要素，需要把书的性质、用途和读者对象有机地结合起来，以表现书籍的内涵，并以传递的目的呈现给读者。

（2）主色调：在案例中主色调以黑色为主，橙色、黄色为辅，运用简洁线条图形，使得画面简洁大方有视觉冲击感，文字以简单整齐为主，提高阅读效率。

4.3.2 操作步骤

1. 相关知识

封面设计要素分别是图形、色彩、文字和构图。

在书籍封面设计中需要掌握以下4点。

（1）想象。想象是构思的源泉，想象以造型的知觉为中心，能产生明确的、有意味的形象。

（2）舍弃。在构思时要将多余和重叠部分舍弃掉。

（3）象征。象征性的手法是艺术表现最得力的语言，用象征性的手法来表达抽象的概念或意境更能为人们所接受。

（4）探索创新。流行的形式、常用的手法、俗套的语言要尽可能避开不用，构思要新颖和标新立异。

2. 核心步骤

（1）封皮和封底。

①利用"钢笔工具"绘制图形。

②利用"文字工具"输入文字标题，添加图层样式"描边"效果。

③利用"文字工具"输入小标题，选择"椭圆工具"绘制圆形，并对齐。

（2）书中的内页和扉页。

①利用"文字工具"拉出文本框，将文字复制，进行调整，并居中对齐。

②扉页利用"钢笔工具"绘制直线，添加"画笔"描边命令。

【步骤1】启动 Photoshop CC，执行"文件"→"新建"命令，新建一个名称为"Auto CAD 书籍设计"的文档，设置"宽度"为 22 厘米、"高度"为 16 厘米、"分辨率"为 300 像素/英寸、"颜色模式"为"CMYK颜色"，如图 4-3-3 所示。设置完毕后，单击"确定"按钮得到新建的图像文件。

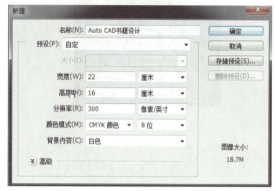

图 4-3-3

【步骤2】新建"图层 2"，填充为黑色，添加图层样式"斜面和浮雕""纹理"，图案样式选择"灰色花岗岩花纹纸"，设置"缩放"为 202%、"深度"为 +67%，如图 4-3-4 所示。

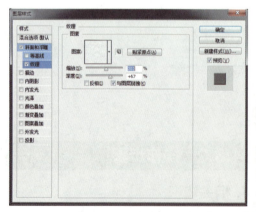

图 4-3-4

【步骤3】新建"图层 3"，选择"钢笔工具"绘制不规则图形，并转换为选区，填充为白色，复制 6 份线条形状设置"不透明度"为 5%，创建图层组并命名为"组一"，如图 4-3-5 所示。

图 4-3-5

【步骤4】选择"文字工具"输入文字,设置颜色为橘黄色(C:21,M:55,Y:89,K:0),添加图层样式,"斜面和浮雕"调整"大小"为38像素、"软化"为3像素,"描边"调整"大小"为3像素,设置"颜色"为白色,如图4-3-6和图4-3-7所示。

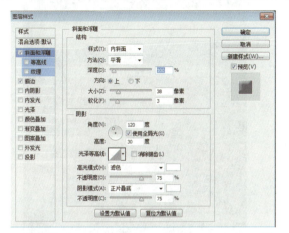
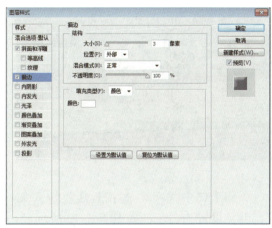

图4-3-6

图4-3-7

【步骤5】重复步骤4的方法,效果如图4-3-8所示。

图4-3-8

【步骤6】新建"图层4",选择"钢笔工具"绘制不规则图形,将其转换为选区,填充黄色(C:24,M:16,Y:90,K:0),如图4-3-9所示。

图4-3-9

【步骤7】重复步骤6的方法,效果如图4-3-10所示。

图4-3-10

【步骤8】新建"图层6",选择"矩形选框工具"绘制矩形,填充橘黄色(C:21,M:5,Y:89,K:0),如图4-3-11所示。

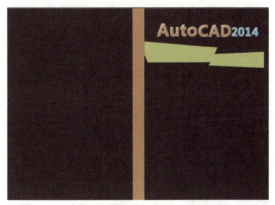

图4-3-11

【步骤9】选择"文字工具"输入文字，颜色设置为橙色（C：17，M：63，Y：99，K：0），如图4-3-12所示。

图4-3-12

【步骤10】选择"文字工具"输入文字，颜色设置为白色，如图4-3-13所示。

图4-3-13

【步骤11】新建图层7，选择"钢笔工具"绘制不规则图形，填充橘黄色（C：21，M：55，Y：89，K：0），添加图层样式"描边"，设置"大小"为1像素，"颜色"为橘黄色（C：21，M：55，Y：89，K：0），如图4-3-14所示。

图4-3-14

【步骤12】重复步骤10的方法，效果如图4-3-15所示。

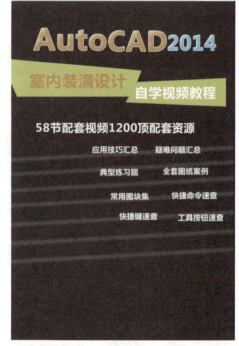

图4-3-15

【步骤13】新建"图层8"，选择"椭圆工具"按Shift键绘制正圆形，填充为橘黄色（C：21，M：55，Y：89，K：0），如图4-3-16所示。

图4-3-16

【步骤14】选择"文字工具"输入文字，颜色设置为橘黄色（C：21，M：55，Y：89，K：0），如图4-3-17所示。

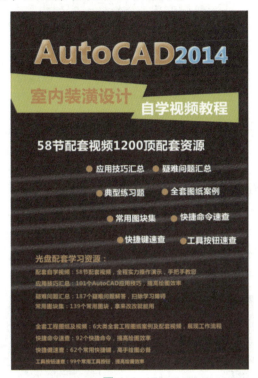

图4-3-17

【步骤15】选择"文字工具"输入文字，颜色设置为黄色（C：11，M：21，Y：88，K：0），添加图层样式"描边"，设置"大小"为3像素、"颜色"为黑色（C：93，M：88，Y：89，K：80），如图4-3-18所示。

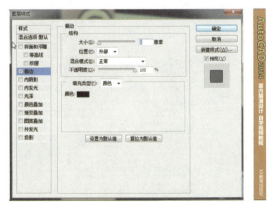

图4-3-18

【步骤16】选择"文字工具"输入文字，颜色设置为白色，如图4-3-19所示。

图4-3-19

【步骤17】置入素材"枫叶""书籍"，如图4-3-20所示。

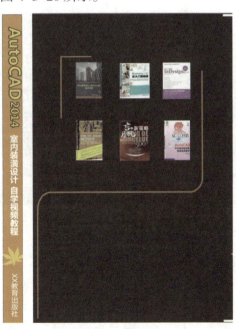

图4-3-20

【步骤18】选择"文字工具"输入文字，颜色设置为白色，如图4-3-21所示。

图 4-3-21

【步骤 19】完成后效果如图 4-3-22 所示。

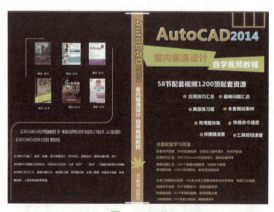

图 4-3-22

扫一扫
看操作

【步骤 20】启动 Photoshop CC，执行"文件"→"新建"命令，新建一个名称为"前言"的文档，设置纸张大小为 A4、"分辨率"为 300 像素/英寸、"颜色模式"为"CMYK 颜色"，如图 4-3-23 所示。设置完毕后，单击"确定"按钮得到新建的图像文件。

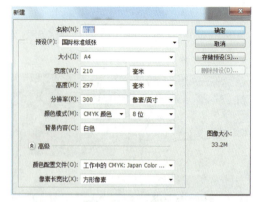

图4-3-23

【步骤 21】选择"文字工具"在文件中拖拽出一个文本框，将素材中"目录，前言"中前言文字复制到文本框中，设置字体为"新宋体"，字号为 16 点、字行距为 19 点。输入"前言"文字大小为 36 点，如图 4-3-24 和图 4-3-25 所示。

图4-3-24

前言

图4-3-25

【步骤22】选择"文字工具"在文件中拖拽出一个文本框,将素材中"目录,前言"中目录文字复制到文本框中,设置字体为"宋体"、字号为14点、字行距为自动。输入"目录"文字大小为30点,如图4-3-26和图4-3-27所示。

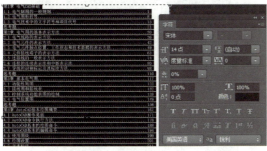

图4-3-26

图4-3-27

【步骤23】制作内页。选择"钢笔工具"绘制内页上方波动图形,使用"文字工具"输入小标题,字号为12点,如图4-3-28和图4-3-29所示。

图4-3-28

图4-3-29

【步骤24】选择"文字工具"在文件中拖拽出一个文本框,将素材"书籍文字"中的文字复制到文本框中,设置字体为"宋体"、字号为12点、字行距为自动。置入素材1、2、3、4、5,选中图片图层,单击"水平居中对齐"按钮,在选中文字图层,单击"左对齐"按钮,如图4-3-30和图4-3-31所示。

图4-3-30

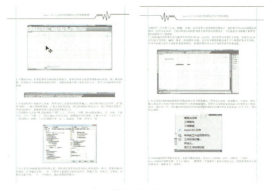

图4-3-31

【步骤25】制作扉页。选择"钢笔工具"绘制线形,选择"画笔工具"设置颜色为黄色,在路径控制面板上单击"描边"按钮。再复制一个,缩放大小。在旁边绘制两条不同长短的线条,如图4-3-32所示。

图4-3-32

【步骤26】选择"文字工具"输入"第2章",设置字体为"方正综艺简体"、字号为72点。"2"增加"描边"效果,设置字体大小,效果颜色如图4-3-33所示。

图4-3-33

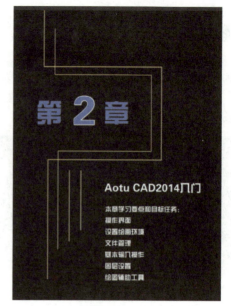

图4-3-34

【步骤27】选择"文字工具"输入文字,设置字体为"方正综艺简体"、字号分别为30点和18点,颜色设置为白色。最终效果如图4-3-34所示。

4.3.3 知识拓展

书籍是文字和图形的一种载体,书籍的装帧和封面的设计在一本书的整体设计中具有举足轻重的地位。

装帧的构成如下。

(1)封套:外包装,用于保护书册。
(2)护封:装饰与保护封面。
(3)封面:书的面子,分封面和封底。
(4)书脊:封面和封底之间的脊柱。
(5)环衬:连接封面与书心的衬页。
(6)空白页:签名页、装饰页。
(7)资料页:与书籍有关的图形资料、文字资料。
(8)扉页:书名页,正文从此开始。
(9)前言:包括序、编者的话、出版说明。
(10)后语:跋、编后记。
(11)目录页:具有检索功能,大多安排在前言之后正文之前的篇、章、节的标题和页码等文字。
(12)版权页:包括书名、出版单位、编著者、开本、印刷数量、价格等有关版权的页面。
(13)书心:包括环衬、扉页、内页、插图页、目录页、版权页等。

第4章　画册和菜谱设计与制作

课后习题

1. 基础案例习题

美术基础书籍设计效果如图 4-3-35 所示，案例素材可在资源包中提取。

图4-3-35

操作步骤如下。

（1）封面。

①新建文件大小为18cm×26cm，设置"分辨率"为300像素/英寸、"颜色模式"为"CMYK颜色"。

②选择"钢笔工具"绘制出一个三角形，用同样的方法绘制其他三角形。

③选择"圆角矩形工具"绘制红色圆角矩形，利用"文字工具"输入文字。

（2）目录。

①选择"钢笔工具"绘制出一个三角形，通过"复制""粘贴""旋转"命令绘制三角形。

②选择"钢笔工具"绘制一个四边形放置在三角形的后面。

③选择"文字工具"输入文字。

（3）内页。

①选择"钢笔工具"绘制一个铅笔图形，并复制、粘贴，更改颜色得到其他铅笔效果。

②将图片素材放置在合适的位置，使用"文字工具"输入文字。

（4）封底。

①选择"钢笔工具"绘制一个三角形，用同样的方法绘制出其他的三角形。

②将素材"条形码"放置在合适的位置。

③选择"文字工具"输入文字。

④保存文件。

2. 提高案例习题

国外书册设计效果如图4-3-36所示，案例素材可在资源包中提取。

核心步骤如下。

（1）图4-3-36（a）（b）的制作步骤如下。

①执行"视图"→"标尺"命令，设置参考线。

②打开"小楼"素材，调整到合适位置并利用"色阶"命令调整到青绿色调。

③利用"矩形工具""椭圆工具"制作右部绿色形状和白色十字形状。

④利用"钢笔工具"绘制灯泡图标。图4-3-36（b）重复图4-3-36（a）的制作步骤。

⑤利用"文字工具"输入相应文字，并调整到合适大小，并设置字体属性。

（2）图4-3-36（c）（d）的制作步骤如下。

①执行"视图"→"标尺"命令设置参考线。

②利用"矩形选框工具""椭圆选框工具"绘制左边的图形。

③打开素材"街景"，选择"色阶"命令将图片调整到青绿色调。

④图4-3-36（d）重复图4-3-36（c）的方法进行设计制作。

⑤利用"钢笔工具"绘制图4-3-36（d）下方小图标。使用"剪切蒙版"命令隐藏不需要的部分。

⑥利用"文字工具"输入相应的数字、文字,并调整到合适大小,并设置字体属性。

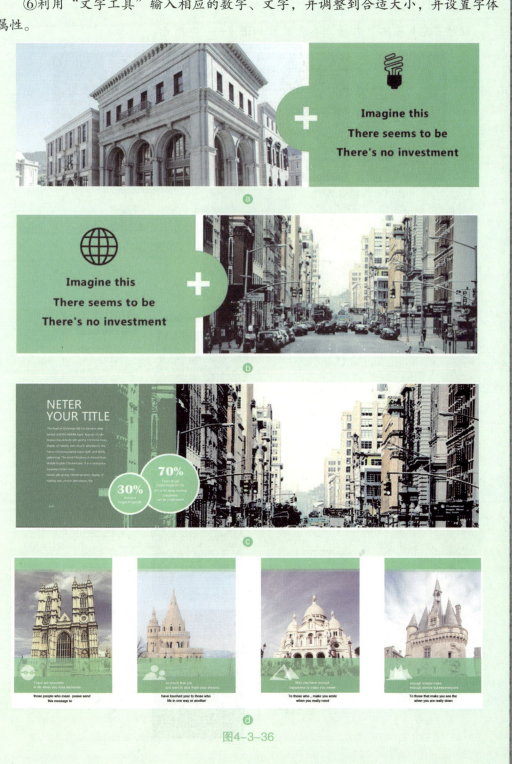

图4-3-36

3. 设计案例习题

设计"美术基础"书籍，参考效果如图4-3-37所示。

图4-3-37

第 5 章

包装和展板设计与制作

- ■ 包装设计
- ■ 展板设计

> **课堂学习目标**
>
> **知识目标:**
> 滤镜的应用
>
> **技能目标:**
> 1. 包装的制作方法
> 2. 展板的制作方法
>
> **素质目标:**
> 培养设计美感与审美能力

包装在流通过程中保护产品，方便储运，促进销售，按一定技术方法所用的容器、材料和辅助物品等的总体名称。包装的形态主要有圆柱体、长方体、圆锥体，以及各种形体的组合或切割构成的各种形式，新颖的包装外形能给消费者留下深刻的印象。

展板是指用于发布、展示信息时使用的板状介质，有纸质、新材料、金属材质等。展板的画面为背胶材质，可根据使用现场的亮度和个人喜好选择亚光膜或亮膜。基本分类有 KT、雪弗板、铝板、铝塑板、高密度板、亚克力等。

5.1 包装设计

包装作为商品价值和使用价值的手段，在生产、流通、销售和消费领域中发挥着极其重要的作用，是企业界和设计行业不得不关注的重要课题。包装的功能是保护商品、传达商品信息、方便使用、方便运输、促进销售和提高产品附加值，包装作为一门综合性学科，具有商品和艺术相结合的双重性。

食品包装（平面展开图、立体图）效果如图 5-1-1 所示，涉及的素材如图 5-1-2 所示，案例素材可在资源包中提取。

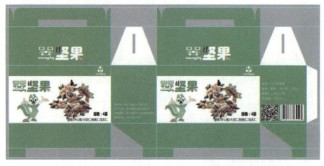
ⓐ 食品包装平面展开图

ⓑ 食品包装立体图

图 5-1-1

图 5-1-2

5.1.1 操作思路

针对"食品包装盒"的设计，可以从以下几个方面进行分析。

（1）主题元素：食品类包装盒是食品商品的组成部分，它可以保护食品，方便携带。包装盒上应注明产品或公司相关信息及规格等，如产品名称、规格、数量、加工厂家、代理厂家、企业宣传信息、生产日期等。

（2）主色调：在本案例中，以"绿色"为主色调，传达环保的理念，食品包装盒的外观设计应以吸引消费者购买为主，还应具有物质成本以外的欣赏价值。

5.1.2 操作步骤

1. 相关知识

食品包装需要掌握以下4个要点。

（1）食品类包装盒设计技巧：食品包装盒设计也应符合人的心理。例如，儿童食品设计风格应有明亮的色彩，与众不同形状，再加一些趣味元素；五谷杂粮之类的不应设计得过于花哨，只要把五谷图片突出显示即可。

（2）色彩设计：色彩作为食品包装盒中的重要元素，不仅起着美化商品包装的作用，而且在营销过程中也起着不可忽视的作用，使用艳丽明快的粉色、橙黄色、橘红色等颜色可以强调出食品香、甜的嗅觉、味觉的口感；巧克力、麦片等多用金色、咖啡色等给人以新鲜美味、健康的感觉；冷饮类包装多用蓝色、白色来体现凉爽感。

（3）个性包装：为了准确传达产品信息的最有效方法是真实地传达产品的形象，可以采用全透明包装，也可以在包装盒上开窗展示产品，还可以在食品包装盒上绘制产品照片、图形等。

（4）包装盒立体图：要用到透视学原理，使用平面软件做出三维的效果。需要设计者头脑中始终建立空间思维，这就要仔细

观察事物，才是制作出好作品的根本。

2. 核心步骤

（1）利用"视图"→"标尺"命令，设置参考"辅助线"。

（2）利用"矩形选框工具""多边形套索工具"绘制矩形图形，并对其填充颜色。

（3）利用"自由变换"中的"透视""斜切"命令制作立体图效果。

（4）利用"文字工具"输入文字，设置文字及段落文字。

1）食品包装盒平面图设计

【步骤1】启动 Photoshop CC，执行"文件"→"新建"命令，新建一个名称为"食品包装盒平面图"的文档，设置"宽度"为40厘米、"高度"为20厘米、"分辨率"为300像素/英寸、"颜色模式"为"CMYK颜色"，如图5-1-3所示。设置完毕后，单击"确定"按钮得到新建的图像文件。

扫一扫
看操作

图 5-1-3

【步骤2】在画布上添加"辅助线"，把出血部分标出来。执行"视图"→"新建参考线"命令，弹出"新建参考线"对话框，设置水平位置为0.3厘米和19.7厘米，垂直位置为0.3厘米和39.7厘米，四条出血线，如图5-1-4所示。效果如图5-1-5所示。

图 5-1-4

图 5-1-5

【步骤3】添加"辅助线",以便于精确绘制。添加的辅助线分别为水平方向3cm、8cm、13cm、16cm,垂直方向6cm、15cm、19cm,如图5-1-6所示。

图 5-1-6

【步骤4】设置前景色为灰色,按Alt+Delete组合键给图层填充灰色,作为背景色。设置前景色为白色。新建图层,选择"矩形选框工具",按照参考线绘制矩形选框,按Alt+Delete组合键填充白色,如图5-1-7所示。

图 5-1-7

【步骤5】设置前景色为绿色(C:83,M:32,Y:100,K:0),选择"矩形选框工具",按照参考线绘制矩形选框,按Alt+Delete组合键填充绿色,如图5-1-8所示。

图 5-1-8

【步骤6】新建图层,选择"矩形选框工具",绘制矩形并填充绿色。按Ctrl+T组合键并右击,在弹出的快捷菜单中选择"透视"命令,调节顶端的角点,使其变成梯形。利用"矩形选框工具"在梯形中画出长细条形,并按Delete键,删除其中的内容,使其成为镂空效果,如图5-1-9所示。

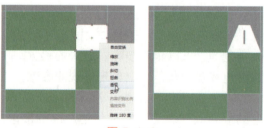

图 5-1-9

【步骤7】新建图层,选择"钢笔工具"绘制路径,形状如图5-1-10所示,并按Ctrl+Enter组合键将路径转换为选区,并填充绿色。

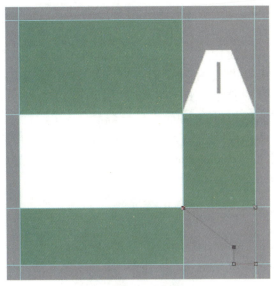

图 5-1-10

【步骤8】选中"图层1",在底部的矩形中,选择"矩形选框工具"绘制矩形,并按 Delete 键删除选区中的内容,如图 5-1-11 所示。

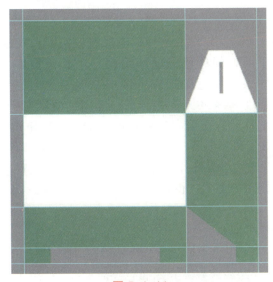

图 5-1-11

【步骤9】选择"钢笔工具",在上边的绿色矩形上绘制路径,将路径转换为选区,按 Delete 键删除选区中的内容。在靠中间的位置绘制矩形,并按 Delete 键删除选区中的内容,如图 5-1-12 所示。

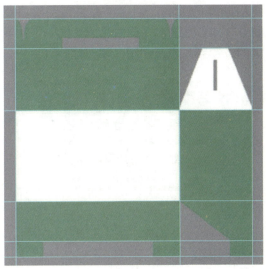

图 5-1-12

【步骤10】新建图层,置入"素材1""素材2",调整大小及位置,如图 5-1-13 所示。

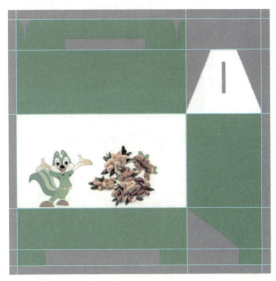

图 5-1-13

【步骤11】选择"文字工具"输入"口",设置字体为"华文琥珀",在图层上单击鼠标右键,在弹出的快捷菜单中选择"栅格化文字"命令,使文字图层变成普通图层,按住 Ctrl 键同时单击文本图层,将"口"字载入选区,填充颜色,执行"编辑"→"描边"命令,设置"宽度"为3像素、"颜色"为绿色,位置设置为"居外"。

使用同样的方法，创建"香"字图层。复制"口"字图层，并调整两个"口"字和香字的位置和大小，如图5-1-14所示。

图5-1-14

【步骤12】选择"文字工具"，在"香"字的下边输入字母"koukouxiangNutty"，并设置字体为"harlow solid italic"，调整大小和位置并"添加图层样式"，选择"投影"选项将"距离""扩展""大小"分别设置为2、0、2，如图5-1-15所示。

图5-1-15

【步骤13】选择"文字工具"输入"坚果"，设置字体为"华文琥珀"，并栅格化文字图层。利用"矩形选框工具"，框选"坚"字的前两笔和"果"字的最后一笔，并删除。将"素材3""素材4"置入到文件中，并调整大小及位置。合并图层或按Ctrl+E组合键，并把图层重命名为"口口香"，如图5-1-16所示。

图5-1-16

【步骤14】Logo制作。新建图层，选择"自定形状工具"，选择"放射性"图案，使用"文字工具"，分别在每个空隙上添加上字母"K""K""X"，并调整位置，选择"K"字母图层，通过"自由变换"命令设置"水平翻转"，并调整角度。选择"文字工具"，在图形的下方输入"koukouxiangNutty"并调整其大小和位置，如图5-1-17所示。

图5-1-17

【步骤15】选择"矩形选框工具"，在正前方的白色面顶部绘制一个长条矩形，并填充绿色。把Logo选中并填充为白色，移动到绿色长条的右端。使用"横排文字工具"在正前方的白色面上输入"规格：4袋"和"腰果/开心果/大杏仁/核桃仁/花生仁"，调整各图片及文字的大小和位置，如图5-1-18所示。

图5-1-18

【步骤16】创建"组1",把除"背景"图层外的所有图层选中拖入到组1中。拖动"组1"到"创建新图层"按钮上,复制命名为"组1拷贝"图层,选中该图层,如图5-1-19所示。选择"移动工具"水平拖动至右侧位置,如图5-1-20所示。

图5-1-19

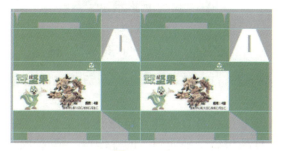

图5-1-20

【步骤17】新建图层,选择"矩形选框工具",在最右侧绘制一个长方形,并填充白色,作为两个面的粘接部分。通过"自由变换"命令设置其"透视",向下拖动右上角的控制点,使其成为梯形,如图5-1-21所示。

图5-1-21

【步骤18】选择"文字工具",在右侧面拖出一个文字段落选区,输入段落文字,如图5-1-22所示。

图5-1-22

【步骤19】打开"素材5""素材6",将"条形码""二维码"放置最右侧的侧面底部,并调整大小及位置,如图5-1-23所示。

图5-1-23

【步骤20】把"口口香"图层复制两个，将"koukouxiangNutty"和"坚果"的颜色设置为白色，移动到盒子的顶端，并调整大小，如图5-1-24所示。

图 5-1-24

【步骤21】按照步骤18的方法在上面输入文字内容，调整文字大小及位置。在所有图层的最顶端新建一个图层，按Ctrl+Shift+Alt+E组合键盖印。完成食品包装平面效果如图5-1-25所示。

图 5-1-25

2）食品包装盒立体图设计

【步骤1】启动Photoshop CC，打开"食品包装盒平面图"文档备用。执行"文件"→"新建"命令或按Ctrl+N组合键新建一个名称为"食品包装盒立体图"的文档，设置"宽度"为30厘米、"高度"为25厘米、"分辨率"为300像素/英寸、"颜色模式"为"CMYK颜色"，如图5-1-26所示。设置完毕后，单击"确定"按钮得到新建的图像文件。

扫一扫
看操作

图 5-1-26

【步骤2】将背景图层填充为灰色。选择"矩形选框工具"，在"食品包装盒平面图"的盖印层，框选正前面内容，将其拖动到本文档中，则会自动新建一个图层。按Ctrl+T组合键并右击，在弹出的快捷菜单中选择"透视"命令，向下拖动左上角的控制柄，使其成为一个梯形。执行"斜切"命令，向上拖动左边中间的控制柄，如图5-1-27所示。

图 5-1-27

【步骤3】选择"矩形选框工具"，在"食品包装盒平面图"的盖印层，框选正侧面内容。将其拖动到本文档中。重复步骤2的方法，把两张图片位置摆放好，如图5-1-28所示。

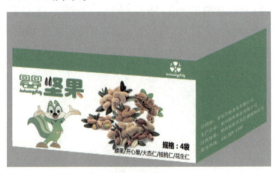

图 5-1-28

【步骤4】选择"矩形选框工具"，在"食品包装盒平面图"的盖印层，框选顶面内容。将其拖动到本文档中。重复步骤2的方法，把三张图片位置摆放好，如图5-1-29所示。

图 5-1-29

【步骤 5】选择"矩形选框工具",在"食品包装盒平面图"中绘制顶面的一半,将其拖动到本文档中,重复步骤 2 的方法,如图 5-1-30 和图 5-1-31 所示。

图 5-1-30

图 5-1-31

【步骤 6】使用"矩形选框工具",选择"食品包装盒平面图"中的斜角部分,将其拖动到本文档中。执行"自由变换"中的"斜切""缩放""变形"等命令,如图 5-1-32 所示。

图 5-1-32

【步骤 7】按住 Ctrl 键的同时选择"斜角"图层,按住 Ctrl+Shift+Alt 组合键的同时选择上一个图层,选中两个图层叠加部分,配合"套索工具",减选不需要删除的部分,留下需要删除的部分,按 Delete 键,如图 5-1-33 所示。

图 5-1-33

【步骤 8】新建图层,选择"多边形套索工具",在左边绘制出另一个斜角区域,如图 5-1-34 所示。

图 5-1-34

【步骤9】将选区填充为浅灰色。在最顶端新建图层，按 Ctrl+Shift+Alt+E 组合键盖印。完成食品包装立体效果如图 5-1-35 所示。

图 5-1-35

5.1.3 知识拓展

商品包装展示面是商标、图形、色彩、文字组合排列在一起的一个完整的画面，这四方面的组合构成了包装设计的整体效果。包装设计构图要素运用得正确、适当、美观，才能设计出优秀的作品。

（1）商标设计。商标是一种符号，是企业、机构、商品和各项设施的象征形象。商标的特点是由它的功能和形式决定的。它要将丰富的传达内容以更简洁、更概括的形式，在相对较小的空间中表现出来，同时需要观察者在较短的时间内理解其内在的含义。商标一般可分为文字商标、图形商标和文字图形相结合的商标3种形式。

（2）图形设计。包装设计的图形主要指产品的形象和其他辅助装饰形象等。图形作为设计的语言，就是要把产品形象的内在、外在的构成因素表现出来，以视觉形象的形式把信息传达给消费者。定位的过程是熟悉产品全部内容的过程，包括商品的性质、商标、品名的含义及同类产品的现状等诸多因素。

（3）色彩设计。色彩设计在包装设计中占据重要的位置。色彩是美化和突出产品的重要因素。包装色彩的运用与整个画面设计的构思、构图有着紧密的联系。同时，包装的色彩还必须受到工艺、材料、用途和销售地区等的限制。包装设计中的色彩要求醒目，对比强烈，有较强的吸引力和竞争力，以唤起消费者的购买欲望，从而促进销售。

▶ 课后习题

1. 基础案例习题

手提袋效果如图 5-1-36 所示。案例素材可在资源包中提取。

图 5-1-36

操作步骤如下。

（1）新建文件大小为17cm×12cm，设置"分辨率"为200像素/英寸、"颜色模式"为"CMYK颜色"。

（2）填充背景渐变色，渐变方式为"径向渐变"。

（3）选择"钢笔工具"绘制手提袋的面，填充颜色，折线使用"画笔工具"描边。

（4）新建图层，选择"钢笔工具"绘制手提袋的袋子，设置袋子的受光部分和暗部，填充渐变色为"浅灰到透明"。

（5）新建图层，选择"椭圆工具"绘制袋子的孔眼。

（6）置入素材"狮子"，调整颜色，放置到合适位置。选择"文字工具"输入文字，使"狮子"图形和文字水平居中对齐。

（7）选择"钢笔工具"绘制投影，填充颜色，设置滤镜/高斯模糊。

（8）新建图层，选择"钢笔工具"，使用"画笔"描边命令设置手提袋的中缝线。

（9）保存文件。

2. 提高案例习题

酒盒（平面展开图、立体图）如图5-1-37所示。案例素材可在资源包中提取。

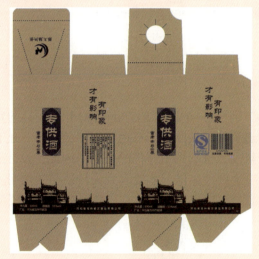
ⓐ 酒盒平面展开图

ⓑ 酒盒立体图

图 5-1-37

核心步骤如下。

（1）新建图层，利用"标尺"拖拽出"辅助线"。

（2）利用"矩形工具""钢笔工具"绘制酒盒的盒体及盒盖部分，并填充牛皮纸的棕色。

（3）将素材拖放至合适位置，利用"文字工具"输入文字并排版。

（4）合成立体图像。利用"矩形选框工具"选择需要的部分，通过"自由变换"中的"扭曲"和"缩放"等命令，拼合成立体图像。

3. 设计案例习题

设计包装纸抽（平面展开图、立体图），参考效果如图5-1-38所示。

ⓐ 纸抽平面展开图　　　　　　ⓑ 纸抽立体图

图 5-1-38

5.2　展板设计

　　大家总能看到商场、企业、厂区、医院、学校、小区等地方都摆放引人注目的宣传展板。这些展板上有耐人寻味的广告文字，有逼真的产品照片，有色彩鲜艳的图形，还有创意十足的构成和编排，营造了一种良好的和谐氛围，也起到了宣传的作用。因此，设计上要根据不同的产品、适用人群、使用时间场合来决定设计风格，才能起到设计最初的作用。

　　展板设计效果如图5-2-1所示，涉及的素材如图5-2-2所示，案例素材可在资源包中提取。

图5-2-1　　　　　　　　　　　　　图5-2-2

5.2.1 操作思路

针对展板的设计，可以从以下两个方面进行分析。

（1）主题元素：让公众感到有趣、好奇、轻松、耐看，从而巧妙地使公众发自内心地接受。

（2）主色调：在案例中主色调以醒目的橘色为主，吸引大家的注意，与墙面及其他展板颜色相呼应。

5.2.2 操作步骤

1. 相关知识

展板设计需要掌握以下3个要点。

（1）展板尺寸一般需要选择KT板，KT板的尺寸一般为1cm×2.5cm、60cm×90cm、90cm×120cm、120cm×150cm（这是所谓的标准版）。

（2）制作成品时，在展板制作时尽量选用KT版，一是避免材料的浪费；二是减少了裁剪时间的浪费。

（3）制作时要注意不要经常的把图层合并起来，让文件有可更改性。

2. 核心步骤

（1）利用"矩形工具"和"多边形工具"绘制背景。

（2）利用"画笔工具"绘制文件中的对角中式框线。

（3）置入"人物""山水画"等素材，设置"山水画"的不透明度。

（4）利用"文字工具"输入文字，并设置字体、字号。

（5）利用"自定形状工具"绘制五角星，并放置到合适位置。

【步骤1】启动Photoshop CC，执行"文件"→"新建"命令或按Ctrl+N组合键，新建一个名称为"文学展板"的文档，设置"宽度"为80厘米、"高度"为54厘米、"分辨率"为72像素/英寸、"颜色模式"

为"CMYK颜色"，如图5-2-3所示。设置完毕后，单击"确定"按钮得到新建的图像文件。

扫一扫
看操作

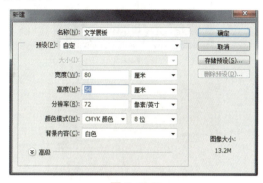

图5-2-3

【步骤2】新建图层，选择"矩形选框工具"绘制矩形，并填充为橘色，如图5-2-4所示。

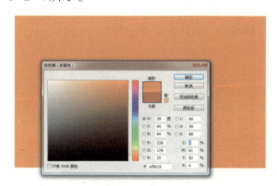

图5-2-4

【步骤3】新建图层，选择"矩形选框工具"绘制两个小矩形，填充为深橘色，如图5-2-5所示。

图5-2-5

【步骤4】置入素材"山水画",设置"不透明度"为10%,如图5-2-6和图5-2-7所示。

图5-2-6

图5-2-7

【步骤5】选择"画笔工具"绘制中式框线,设置前景色为白色。复制并通过"自由变换"命令设置"水平翻转"和"垂直翻转",如图5-2-8所示。

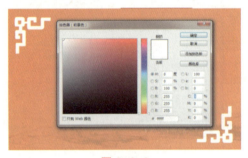

图5-2-8

【步骤6】新建图层,选择"多边形工具"绘制八边形,填充为橙色,如图5-2-9所示。

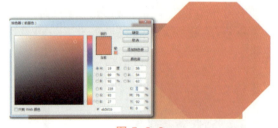

图5-2-9

【步骤7】按Ctrl+J组合键复制八边形图层,利用"自由变换"中的"缩放"命令,按住Shift+Alt组合键由中心向内等比例缩放,颜色填充为灰色,如图5-2-10所示。

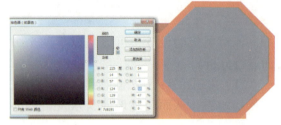

图5-2-10

【步骤8】置入素材"赏析名句"和"老子",调整到合适位置,如图5-2-11所示。

图5-2-11

【步骤9】选择"文字工具"输入文字,设置字体颜色为白色,如图5-2-12所示。

图5-2-12

【步骤10】选择"文字工具"编辑文字段落,设置字体颜色为黑色,如图5-2-13所示。

图5-2-13

【步骤11】选择"自定形状工具"绘制五角星，填充为白色，如图5-2-14所示。

图 5-2-14

【步骤12】最终效果如图5-2-15所示。

图 5-2-15

5.2.3 知识拓展

常见的展板设计需要掌握以下4点。

（1）展板在设计时一定要经过精心的排版与设计，要突出所设计展板的主题。

（2）展板的内容、形式一定要统一，视觉要注意均衡，不要偏离宣传的主旨。

（3）在设计中，一定要注重观众的体验度。不要选择一些过于艳丽或刺眼的颜色，虽然观众可能一眼就感受到了信息，但是他们的体验感是非常差的。

（4）根据主题需要突出的内容进行排列组合，并运用造型元素的设计原理，把构思的设计方案用直观的形式表现出来。把比较重要的、能够突出宣传主题的图片进行放大和重点阐释，把从属的图片进行简化和缩小，做到主次分明、主题突出、视觉统一。

课后习题

1. 基础案例习题

"关爱未成年"广告效果如图5-2-16所示。

操作步骤如下。

（1）新建图层，利用"钢笔工具"绘制雨伞，填充颜色。选择"3D面板"进行立体化效果的制作。

（2）利用"多边形工具"绘制五角星，和雨伞做剪贴蒙版效果。

（3）利用"钢笔工具"绘制伞把（铅笔）。

（4）利用"钢笔工具"绘制伞上的雨滴，利用"钢笔工具"绘制伞上的心形，填充红色。

（5）利用"圆角矩形工具"绘制右上角的"关爱孩子"底图，填充红色。

（5）选择"文字工具"输入"关爱未成年"，结合"路径选择工具"进行适当调整。

（6）装饰图案利用"钢笔工具"绘制完成。

（7）保存文件。

图5-2-16

2. 提高案例习题

校园展板效果如图5-2-17所示，案例素材可在资源包中提取。

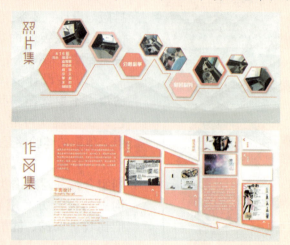

图5-2-17

核心步骤如下。

（1）填充背景颜色，添加滤镜底纹效果。可利用"直线工具"绘制底纹。

（2）利用"横排文字工具"输入文字，调整颜色。

（3）利用"钢笔工具"绘制图形，添加外放光效果。

（4）利用"钢笔工具"绘制人物，填充不同颜色。

（5）利用"直排文字工具"输入文字，添加投影效果，并修改图层样式，与底纹背景融合。

（6）文字排版调整。

3. 设计案例习题

"电信诈骗"展板，参考效果如图5-2-18所示。

图5-2-18

第 6 章

UI 设计与制作

- 扁平化图标设计
- 手机界面设计
- 软件应用界面设计

> **课堂学习目标**
>
> **知识目标：**
> 掌握软件的基本操作，运用软件相关技巧完成设计
>
> **技能目标：**
> 1. 扁平化图标的制作方法
> 2. 手机界面的制作方法
> 3. 软件应用界面的制作方法
>
> **素质目标：**
> 培养创意的落地执行能力

UI 是 User Interface（用户界面）的简称，是指对软件的人机交互、操作逻辑、界面美观的整体设计。包括用户研究、交互设计和界面设计这 3 个主要方向。其中，界面设计主要分为 WUI（Web User Interface，网页用户界面）和 GUI（Graphical User Interface，图形用户界面）两部分。WUI 主要是计算机终端的网页界面设计，其应用场景现在也延伸到了移动端；GUI 主要是指手机移动端 APP 等包含大量图形用户界面的设计。

在 UI 设计领域，平面设计主要是根据产品开发团队提供的交互稿，绘制出界面所需的图标、按钮、文字、图片、色彩等界面元素，并标注好尺寸信息，方便前端开发团队重构界面。这一环节的输出内容主要是设计稿件和切图标注，以 Photoshop 在图形设计和图像处理方面的强大处理能力都可以胜任。

6.1 扁平化图标设计

扁平化概念的核心意义是去除冗余、厚重和繁杂的装饰效果。而具体表现在去掉了多余的透视、纹理、渐变以及能做出 3D 效果的元素，这样可以让"信息"本身重新作为核心被凸显出来。同时在设计元素上，则强调了抽象、极简和符号化。

扁平化的设计，在移动系统上不仅界面美观、简洁，还能达到降低功耗、延长待机时间和提高运算速度的效果。例如，Android 5.0 就采用了扁平化的效果，因此被称为"最绚丽的安卓系统"。图标效果如图 6-1-1 所示。

图6-1-1

6.1.1 操作思路

针对扁平化图标设计，可以从以下几个方面进行分析。

（1）主题元素：手机的系统主要有 Android、IOS、Firefox OS、YunOS、BlackBerry、Windows phone、Symbian、Palm、BADA、Windows Mobile、Ubuntu、Sailfish OS 等。品牌不同，产品的设计理念也不同，本节案例主要针对 Android 5.0 手机操作系统。

（2）主色调：在案例中主色调以红白色为主，高级灰色为辅，体现手机桌面图标的辨识度。

6.1.2 操作步骤

1. 相关知识

图标设计需要掌握以下两个要点。

（1）"720px×1280px"的安卓界面设计对应的启动图标尺寸是"96px×96px"，圆角是"18px"。

（2）扁平化图标的设计就是去繁择简并经过思考改造过的设计过程。而最基本的最需要抓准造型的关键节点，雏形出来后再根据想法调整。

2. 核心步骤

（1）利用"圆角矩形工具""椭圆工具"绘制图形，并设置颜色。

（2）利用"自定义形状工具"中的"标志3"绘制图形。

【步骤1】启动Photoshop CC，执行"文件"→"新建"命令，新建空白文档，如图6-1-2所示。

图6-1-2

【步骤2】选择"圆角矩形工具"，在选项栏中设置，如图6-1-3所示。

图6-1-3

【步骤3】设置圆角半径为"18像素"，单击半径左侧的按钮，在展开的选项中选中"固定大小"单选按钮，设置宽高均为96像素，如图6-1-4所示。

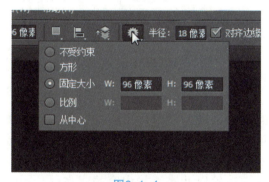

图6-1-4

【步骤4】新建图层，在画面中绘制圆角矩形。选择"椭圆工具"，设置固定大小为"70像素"。按住Shift键在画中绘制圆形，如图6-1-5所示。选中两个图层，选择"移动工具"后，在选项栏中单击"垂直居中对齐"和"水平居中对齐"按钮，如图6-1-6所示。

扫一扫
看操作

图6-1-5

图6-1-6

【步骤5】使用"路径选择工具"选择圆形，按Ctrl+C组合键复制，按Ctrl+V组合键粘贴。按Ctrl+T组合键进行自由变换，按住Shift+Alt组合键按比例缩小15像素。在"属性"面板中可以进行细致调整，调整后的参数为55像素。在选项面板中选择"减去顶层形状"选项，如图6-1-7所示。

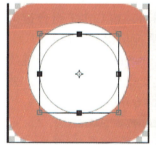

图6-1-7

【步骤6】新建图层，在工具箱中选择"自定形状工具"。在选项栏中单击三角形按钮，如图6-1-8所示。

图6-1-8

【步骤7】展开列表，单击如图6-1-9所示的图标，展开菜单，选择"全部"选项。在弹出的对话框中单击"确定"按钮。

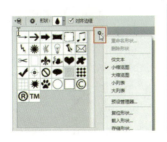

图6-1-9

【步骤8】在载入的形状中选择"标志3"。在画面中按住 Shift 进行绘制。按 Ctrl+T 组合键将其旋转 –90 度。然后从"标尺"中拖出"辅助线",标记圆的中心,如图 6-1-10 所示。

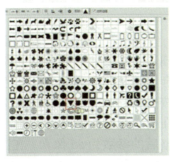

图6-1-10

(提示:选择圆后,按 Ctrl+T 组合键即可看到中心点,然后拖出参考线即可。)

【步骤9】按 Ctrl+Shift+Alt+E 组合键盖印图层,添加"渐变叠加"图层样式。并调整不透明度,如图 6-1-11 所示。

图6-1-11

【步骤10】单击"确定"按钮。完成最终效果如图 6-1-12 所示。

6.1.3 知识拓展

(1)在 UI 的设计体系中,图标是最重要的组成部分之一,是任何 UI 中都不可或缺的视觉元素。

(2)通常情况图标划分为功能图标、装饰图标和启动图标三大类。

功能图标:即应用内有明确功能、提示含义的标识。

装饰图标:与功能图标相比,装饰图标的视觉辅助功能作用更多。对于一些页面信息较为复杂的应用来说,除了对信息做好分级和秩序之外,需要使用图标来丰富视觉体验以此来增加内容的观赏性,同时辅助文字提升用户决策效率,装饰图标有扁平化风格、拟物风格、2.5D 风格和实物贴图风格四类常见风格。

启动图标:也叫应用图标,可以双击或点击打开一个应用程序。除了手机系统图标,更多的启动图标来自手机中第三方应用程序,即在应用市场下载的各种社交、教育、电商、音乐、咨询类 App。

图6-1-12

课后习题

1. 基础案例习题

书图标效果如图6-1-13所示。

图6-1-13

操作步骤如下。

（1）新建文件大小为96像素×96像素，设置"分辨率"为72像素/英寸、"颜色模式"为"RGB颜色"。

（2）利用"圆角矩形工具"绘制圆角矩形，填充颜色。

（3）利用"矩形选框工具"绘制矩形，覆盖圆角矩形的一半。

（4）利用"圆角矩形工具"绘制圆角矩形，填充颜色，并创建剪切蒙版。

（5）利用"文字工具"输入相应颜色大小的文字。

（6）利用"矩形选框工具"绘制颜色条。

（7）保存文件。

2. 提高案例习题

（1）相机图标效果如图6-1-14所示。

图6-1-14

核心步骤如下。

①利用"圆角矩形工具"绘制相机外轮廓，填充颜色。

②利用"矩形选框工具"绘制矩形，填充颜色。

③利用"椭圆选框工具"绘制3个大小合适的正圆,填充相应颜色。
④利用"钢笔工具"绘制投影,设置其不透明度。
⑤利用"圆角选框工具"绘制圆角矩形,填充白色。
(2)放大镜图标效果如图 6-1-15 所示。

图6-1-15

核心步骤如下。

(1)利用"椭圆选框工具"绘制两个正圆,设置两圆对齐命令,调整合适大小并填充相应的颜色。

(2)利用"椭圆选框工具"绘制椭圆,设置其不透明度。

(3)利用"矩形选框工具"绘制放大镜的手柄,利用"自由变换"命令调整合适角度,并填充颜色。

3. 设计案例习题

设计 UI 图标,参考效果如图 6-1-16 所示。

 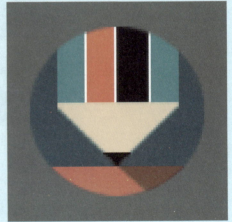

图6-1-16

6.2 手机界面设计

移动端 App 一般是由十几到几十页不等的页面组成，其中包括引导页/闪屏、登录注册页面、首页、菜单导航、个人页、图片展示页、列表页、详情页、数据页、反馈页等等。一款产品的图形界面由各种页面组成，每个页面又可以分为不同区域。区域是由各类组件组合而成，而组件又是由最基础的设计元素构成，分别是图形和文字。

手机播放器效果如图 6-2-1 所示，涉及的素材如图 6-2-2 所示，案例素材可在资源包中提取。

图6-2-1

图6-2-2

6.2.1 操作思路

针对手机界面设计，可以从以下几方面进行分析。

（1）主题元素：本节案例主要针对 Android 手机操作系统。

（2）主色调：在案例中主色调以蓝色为主，白色为辅，体现手机界面的辨识度和创意的平衡。

6.2.2 操作步骤

1. 相关知识

手机界面设计需要掌握以下两个要点。

（1）Android 手机界面尺寸、风格特点。

（2）作为人机交互的界面，要做到用户体验性强，方便用户使用。

2. 核心步骤

（1）利用"圆角矩形工具"绘制进度条。

（2）利用"椭圆工具"绘制进度条上的圆钮，并设置图层样式。

（3）利用"自定义形状工具"绘制按钮。

扫一扫
看操作

【步骤1】启动 Photoshop CC，执行"文件"→"新建"命令，新建空白文档，如图 6-2-3 所示。

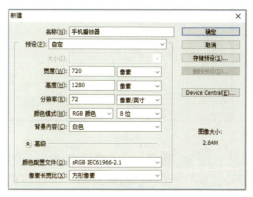

图6-2-3

【步骤2】执行"文件"→"置入"命令，分别置入素材 1、2、3、4、5，如图 6-2-4 所示。

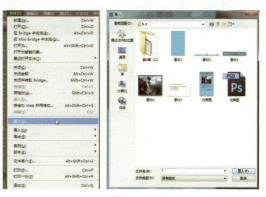

图6-2-4

【步骤3】制作进度条，选择"圆角矩形工具"，设置圆角半径为"10 像素"，单击半径左侧的按钮，在展开的选项中选中"固定大小"单选按钮，设置宽度为"480 像素"、高度为"18 像素"，如图 6-2-5 所示。

图6-2-5

【步骤4】把"圆角矩形"拖动到合适位置,在图层上右击,在弹出的快捷菜单中选择"混合选项"选项,设置图层样式:"渐变叠加"如图6-2-6所示;"外发光"如图6-2-7所示。

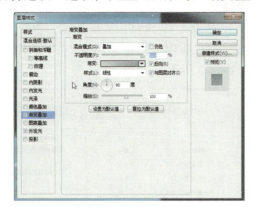

图6-2-6

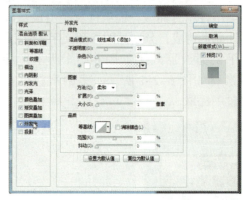

图6-2-7

【步骤5】选择"圆角矩形工具",设置圆角半径为"10像素",单击半径左侧的按钮,在展开的选项中选中"固定大小"单选按钮,设置宽度为"280像素"、高度为"18像素",如图6-2-8所示。

图6-2-8

【步骤6】把圆角矩形拖动到合适位置,在图层上右击,在弹出的快捷菜单中选择"混合选项"选项,设置图层样式:"描边"如图6-2-9所示;"渐变叠加"如图6-2-10所示。

图6-2-9

图6-2-10

【步骤7】选择"椭圆工具",单击"对齐边缘"左侧的按钮,在展开的选项中选中"固定大小"单选按钮,设置宽度为"30像素"、高度为"30像素",如图6-2-11所示。

图6-2-11

【步骤8】把圆形拖动到合适位置,在图层上右击,在弹出的快捷菜单中选择"混合选项"选项,设置图层样式:"渐变叠加"如图6-2-12所示;"内阴影"如图6-2-13所示;"描边"如图6-2-14所示;"投影"如图6-2-15所示。

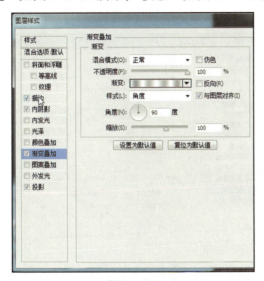

图6-2-12

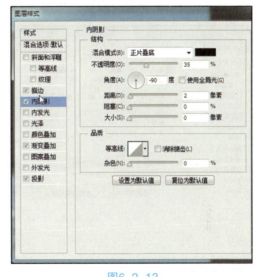

图6-2-13

图6-2-14

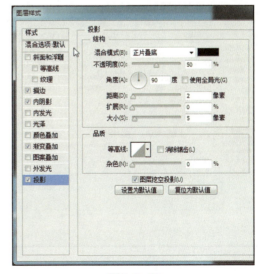

图6-2-15

【步骤9】制作播放按钮,选择"椭圆工具",单击"对齐边缘"左侧的按钮,在展开的选项中选中"固定大小"单选按钮,设置宽度为"110像素"、高度为"110像素",如图6-2-16所示。

图6-2-16

【步骤10】把圆形拖动到合适位置,在图层上右击,在弹出的快捷菜单中选择"混合选项"选项,设置图层样式:"内阴影"如图6-2-17所示;"外发光"如图6-2-18所示;"渐变叠加"如图6-2-19所示;"投影"如图6-2-20所示。

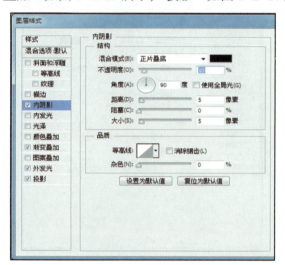

图6-2-17

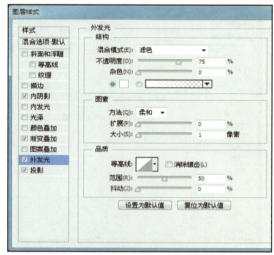

图6-2-18

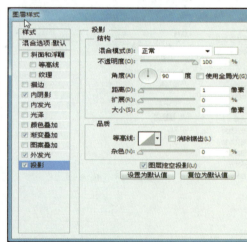

图6-2-19

图6-2-20

【步骤11】选择"椭圆工具",单击"对齐边缘"左侧的按钮,在展开的选项中选中"固定大小"单选按钮,设置宽度为"88像素"、高度为"88像素",如图6-2-21所示。

扫一扫
看操作

图6-2-21

【步骤12】把圆形拖动到合适位置,在图层上右击,在弹出的快捷菜单中选择"混合选项"选项,设置图层样式:"内阴影"如图6-2-22所示;"渐变叠加"如图6-2-23所示;"投影"如图6-2-24所示。

图6-2-24

【步骤13】选择"自定形状工具",在选项栏中单击如图6-2-25所示的三角按钮。

图6-2-25

【步骤14】把三角形拖动到合适位置,在图层上右击,在弹出的快捷菜单中选择"混合选项"选项,设置图层样式:"内阴影"如图6-2-26所示;"颜色叠加"如图6-2-27所示;"投影"如图6-2-28所示。

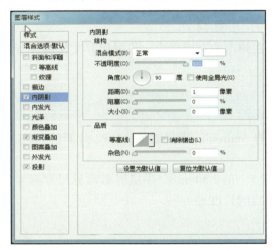

图6-2-22

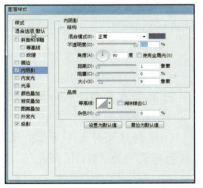

图6-2-26

图6-2-23

图6-2-27

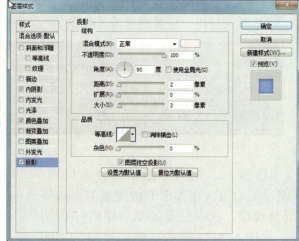
图6-2-28

【步骤15】另外两个按钮操作步骤同上（步骤9~步骤14）。

【步骤16】执行"文件"→"存储为"命令，在弹出的对话框中，设置保存文件的位置、"文件名"及"保存类型"，最后单击"保存"按钮。

6.2.3 知识拓展

（1）移动端的操作系统：如华为的鸿蒙、谷歌的Android、惠普的WebOS、开源的MeeGo及微软的Windows等。

（2）in（inches，英寸）：屏幕的物理长度单位（1in=2.54cm）。手机屏幕常见尺寸有4.7英寸、5.5英寸、5.8英寸等，这里指手机屏幕对角线的长度。

px（pixel，像素）屏幕上的点。

pt（磅）：1pt=1/72英寸，通常用于印刷业。

ppi（pixels per inch）：每英寸像素数，该值越高，则屏幕越细腻。

dpi（dots per inch）：每英寸多少点，该值越高，则图片越细腻。

ppi影响图像的显示尺寸，dpi影响图像的打印尺寸。屏幕的ppi值越高，每英寸能容纳的像素颗粒越多，该屏幕的画面细节越丰富。

▶ 课后习题

1. 基础案例习题

手机登录界面效果如图6-2-29所示，案例素材可在资源包中提取。

操作步骤如下：

（1）新建文件大小为720像素×1280像素，设置"分辨率"为72像素/英寸、"颜色模式"为"RGB颜色"。

（2）新建图层，背景填充为渐变色。选择"矩形工具"绘制长方形，填充颜色。

（3）选择"文字工具"输入文字。

（4）置入素材"QQ图标、微信图标、新浪微博图标、海景"，缩小放置到合适的位置。

（5）将素材"海景"剪贴为圆形，设置素材"登录、注册、海景"描边效果。

（6）选择"自定形状工具"绘制对钩。

（7）保存文件。

2. 提高案例习题

淘宝界面效果如图6-2-30所示，案例素材可在资源包中提取。

图6-2-29

图6-2-30

核心步骤如下。

（1）利用"矩形工具"绘制上下矩形，置入图标素材和图片素材，放置到合适位置。

（2）利用"圆角矩形工具"绘制圆角长条形。

（3）利用"对齐"命令使图标对齐。

（4）利用"钢笔工具"绘制小图标。

3. 设计案例习题

设计手机 APP 界面，参考效果如图 6-2-31 所示。

图6-2-31

6.3 软件应用界面设计

软件界面（Software Interface）的定义并不十分统一。狭义上说，软件界面就是指软件中面向操作者而专门设计的用于操作使用及反馈信息的指令部分。优秀的软件界面有简便易用、突出重点、容错高等特点。而广义上讲，软件界面就是某样事物面向外界而展示其特点及功用的组成部分。通常人们说的软件界面就是狭义上的软件界面。

界面效果如图 6-3-1 所示。涉及的素材如图 6-3-2 所示，案例素材可在资源包中提取。

图6-3-1

图6-3-2

6.3.1 操作思路

（1）主题元素：本节案例主要针对触摸屏软件操作系统。

（2）主色调：在案例中主色调以蓝色为主，白色、红色为辅，界面清晰简洁，辨识度高，操作方便。

6.3.2 操作步骤

1. 相关知识

触摸屏软件操作系统界面设计需要掌握以下两个要点。

（1）软件界面尺寸、风格特点。

（2）作为人机交互的界面，要做到用户体验性强，方便用户使用。

2. 核心步骤

（1）利用"矩形选框工具"绘制矩形条，并填充颜色和渐变色。

（2）利用"椭圆工具"和"钢笔工具"绘制小图标和左边按钮，并设置图层样式。

（3）利用"文字工具"输入文字，并设置图层样式。

（4）利用"图层蒙版"命令绘制倒影效果。

【步骤1】启动 Photoshop CC，执行"文件"→"新建"命令，新建空白文档，如图 6-3-3 所示。

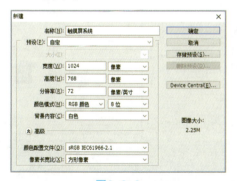

图 6-3-3

【步骤2】执行"文件"→"置入"命令，置入"素材1"，如图 6-3-4 所示。

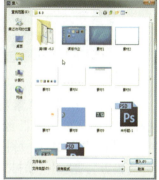

图 6-3-4

【步骤3】新建图层，选择"矩形选框工具"绘制矩形，填充蓝色，复制图层并移动位置，合并图层，选择"渐变工具"填充浅蓝色、蓝色，添加图层样式"斜面和浮雕"，效果如图 6-3-5 所示。

扫一扫
看操作

图 6-3-5

【步骤4】根据6.1节扁平化图标的内容，设计制作如图 6-3-6 所示的图标。选择"横排文字工具"输入文字，添加图层样式"投影"，效果如图 6-3-7 所示。

图 6-3-6

图 6-3-7

扫一扫
看操作

【步骤5】置入"素材2",新建图层,选择"矩形选框工具"绘制矩形,填充白色,添加图层样式为"斜面和浮雕""内阴影""投影"。使用"横排文字工具"输入文字"枣职触摸屏系统",选择"文字工具",设置字体为"方正粗宋简体"、字符间距为500、字体颜色为白色,如图6-3-8所示。

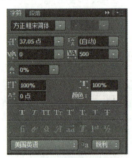

图 6-3-8

【步骤6】在当前文字图层上单击鼠标右键,在弹出的快捷菜单中选择"复制图层"命令,弹出"复制图层"对话框,单击"确定"按钮,再按向上的方向键一次。在"枣职触摸屏系统"副本图层上右击,在弹出的快捷菜单中选择"混合选项"命令,设置图层样式:"内阴影"如图6-3-9所示;"颜色叠加"如图6-3-10所示。

图6-3-9

图6-3-10

【步骤7】执行"文件"→"置入"命令,置入"素材3",选择"矩形选框工具",在"素材7"太阳的下方绘制矩形,填充白色,选择"滤镜"→"模糊"→"高斯模糊"命令,如图6-3-11所示。

图6-3-11

【步骤8】新建图层,选择"椭圆选框工具"绘制外部正圆形和中间正圆形,分别填充深蓝色和灰色。复制图层,分别填充为白色、深蓝色,并向外移动,使用"橡皮擦工具"擦除多余部分,如图 6-3-12 所示。

【步骤9】新建图层,选择"椭圆选框工具"绘制内部正圆,使用"渐变工具"填充浅蓝色、蓝色,添加图层样式"斜面和浮雕"。利用"对齐"命令使3个正圆"水平居中对齐",如图 6-3-13 所示。

要的部分,如图 6-3-17 所示。

图 6-3-16　　　　图 6-3-17

【步骤13】执行"文件"→"置入"命令,置入"素材4",如图 6-3-18 所示。

图6-3-12　　　　图 6-3-13

【步骤10】新建图层,选择"钢笔工具"绘制图形,填充为蓝色,添加图层样式"斜面和浮雕",如图 6-3-14 所示。使用同样的方法绘制"锁",填充深蓝色,添加图层样式"内阴影",如图 6-3-15 所示。

图6-3-18

【步骤14】选中"素材4"图层并右击复制图层,弹出"复制图层"对话框,单击"确定"按钮,执行"图层"→"图层蒙版"→"显示全部"命令,如图 6-3-19 所示。

图 6-3-14　　　　图 6-3-15

【步骤11】选择"钢笔工具"绘制图形"滑块",将其转换为选区,填充蓝色,添加图层样式"斜面和浮雕",如图 6-3-16 所示。

【步骤12】选择"钢笔工具"绘制箭头,将其转换为选区,填充灰色,添加"图层蒙版",选择"画笔工具"擦除不需

图6-3-19

【步骤15】选择"渐变工具",如图6-3-20所示。设置为黑白的"线性渐变",如图6-3-21所示。

图6-3-20

图6-3-21

【步骤16】在"图层蒙版"上添加渐变,设置"不透明度"为"60%",如图6-3-22所示。

图6-3-22

【步骤17】执行"文件"→"存储为"命令,在弹出的对话框中,保存文件的位置,设置好"文件名"及"保存类型",最后单击"保存"按钮。最终效果如图6-3-23所示。

图6-3-23

6.3.3 知识拓展

(1)移动端用户界面设计中,视觉往往是用户的第一感受,视觉的好坏或差异,在很大程度上直接导致了用户对产品的第一印象,甚至可以直接影响用户的使用体验。界面设计首先要解决的问题就是界面整体的美观性。

(2)每个人的审美是不同的,但是人们不断的去探索"美"的规律。其中,最具代表性的就是格式塔心理学。其理论明确地指出:眼脑作用是一个不断组织、简化、统一的过程,正是通过这一过程,才产生出易于理解、协调的整体。

格式塔心理学五大原则是对齐、对比、亲密、重复、闭合。

对齐:任何元素都不能在页面上随意摆放,每一项都应该与页面上的另一项或者多项存在某种视觉关联。

对比:在用户界面设计中,对比主要有大小、色彩、粗细、繁简、黑白等,对比可以有效地增强页面的视觉效果,同时也有助于元素之间建立一种有组织的层级结构,让用户快速识别关键信息。

亲密:也叫做亲密性,是指当信息之间的关联性越高,信息之间的距离就越小,反之则它们的距离就越远。

重复:重复原则是指在同类信息的表达上使用重复相同的元素,这样使用不仅可以有效降低用户的学习成本,可以帮助用户识别出这些元素之间的关联性。

闭合:人们在观察熟悉的视觉形象时,会把不完整的局部形象当作一个整体来感知,这种知觉上的自动补充称为闭合。在界面设计时,尽量避免使用不规则布局,减少大脑主动联想闭合的时间,提升用户视觉体验。

课后习题

1. 基础案例习题

管理员登录界面效果如图 6-3-24 所示,案例素材可在资源包中提取。

图6-3-24

操作步骤如下。

(1)新建文件大小为 1024 像素 ×500 像素,设置"分辨率"为 72 像素/英寸、"颜色模式"为"RGB 颜色"。

(2)新建图层,背景填充渐变色。选择"矩形选框工具"绘制长方形选区,填充白色。

(3)选择"文字工具"输入文字。

(4)选择"矩形工具"绘制长方形,无填充,描边为 50% 灰色、1 像素,UIUF 下面填充浅粉色。

(5)选择"矩形选框工具"绘制长方形选区,填充蓝色,放置"立即登录"下方。

(6)选择"直线工具"绘制白线,填充白色,无描边,选择"椭圆工具"绘制正圆,填充白色,无描边。

(7)选择"钢笔工具"绘制小山、树、影子。

(8)选择"圆角矩形工具"绘制长方形,填充绿色,无描边。

(9)保存文件。

2. 提高案例习题

雄狮智能一卡通管理系统界面效果如图 6-3-25 所示,素材可在资源包中提取。

图6-3-25

核心步骤如下。

（1）利用"矩形选框工具"绘制矩形，填充颜色。

（2）利用"圆角矩形工具"绘制圆角矩形，填充颜色。

（3）利用"矩形选项工具"绘制矩形，描边为"渐变"。

（4）利用"钢笔工具"绘制不规则图形。

（5）利用图层的"混合模式"和"不透明度"制作楼群效果。

（6）利用"文字工具"输入文字。

3. 设计案例习题

设计软件应用界面，参考效果如图6-3-26所示。

图6-3-26